主 编

吴阶平　杨福家　吴文俊　袁隆平
孙家栋　谢家麟　李家洋　陈清泉
刘国光　汝　信

中华当代著名科学家
传记书系

王希季

空间技术专家
航天学家
中国科学院院士

如果中国不发展空间技术，
如果党、国家和人民不交给
我负责研制火箭和卫星……，
我也不会成为现在的王希季。

李大耀　著
纪明兰

中国农业科学技术出版社

图书在版编目(CIP)数据

王希季 / 李大耀，纪明兰著 . —北京：中国农业科学技术出版社，2018.7
　ISBN 978-7-5116-3727-7

Ⅰ.①王… Ⅱ.①李…②纪… Ⅲ.①王希季-生平事迹 Ⅳ.① K826.16

中国版本图书馆 CIP 数据核字（2018）第 111844 号

责任编辑　白姗姗
责任校对　李向荣

出 版 者	中国农业科学技术出版社
	北京市中关村南大街 12 号　邮编：100081
电　　话	（010）82106638（编辑室）（010）82109702（发行部）
	（010）82109709（读者服务部）
传　　真	（010）82106650
网　　址	http : //www.castp.cn
经 销 者	各地新华书店
印 刷 者	北京科信印刷有限公司
开　　本	710mm×1 000mm　1/16
印　　张	16.75　彩插 4 面
字　　数	245 千字
版　　次	2018 年 7 月第 1 版　2018 年 7 月第 1 次印刷
定　　价	68.00 元

◆版权所有·侵权必究◆

中华当代著名科学家传记书系

永久编著出版委员会

主　编

吴阶平　杨福家　吴文俊　袁隆平　孙家栋　谢家麟
李家洋　陈清泉　刘国光　汝　信

执行主编

唐廷友　唐　洁　赵岩青　刘忠勤　骆建忠　张应禄

副主编

单天伦　张　维　马京生　马胜云　王　霞　王建蒙
王庭槐　彭洁清　邵世磊　牛敏杰　张孝安　闫庆健
徐　毅　李　雪　崔改泵

编　委（以姓氏笔画为序）

山　立　马　兰　马　进　马　越　马京生　马胜云
马新生　王　霞　王建蒙　王庭槐　王增藩　牛敏杰
卢毓明　刘国光　刘忠勤　闫庆健　汝　信　孙家栋
李　雪　李大耀　李忠效　李家洋　杨照德　杨福家
吴文俊　吴阶平　宋兆法　张　维　张孝安　张应禄
陈　弘　陈清泉　邵世磊　郑绍唐　单天伦　孟　佳
赵岩青　柳天明　骆　义　骆建忠　袁隆平　顾迈男
徐　毅　唐　洁　唐廷友　常甲辰　崔改泵　彭洁清
曾先才　曾庆瑞　谢长江　谢家麟　谭邦治　熊延岭

书系策划

唐廷友　唐　洁　赵岩青　刘忠勤　单天伦　张　维
马京生　马胜云　王　霞　王建蒙　王庭槐　彭洁清
骆建忠　张应禄　邵世磊

总序

吴阶平　杨福家　吴文俊　袁隆平　孙家栋
谢家麟　李家洋　陈清泉　刘国光　汝　信
（二〇〇八年八月八日）

中华民族，为自身的发展与人类的进步，已经奋斗了数千年，不断地作出重要的贡献。

中华民族历来十分注重科技进步与创新，即使在内部祸乱和外来入侵的历史时期，也从未放弃与间断过科学技术的发展。古代有造纸术、指南针等诸多重大发明与创造，为中华和人类的进步发展发挥了重大而持续的推动作用。近现代以来，中华学人为探求中华科学技术的重新辉煌和推进人类的和平发展，进行了长时期前赴后继的艰难奋斗。

当代中华广大学人及从他们当中成长起来的著名科学家们，坚持创新、顽强拼搏、艰苦奋斗，为加速提升中华民族的自主创新能力和攀登世界科技新的高峰作出了新的重大的贡献。在他们身上集中体现了中华民族自强不息、勇于创新、安和友善的优良传统。他们的人生理想、优秀品格、科学思维、科学方法、科学成就，是民族精神与科学精神的生动体现，也是他们为中华民族与人类社会创造的宝贵的物质财富与精神财富，要将这些宝贵财富传承下去、发扬光大，使之不断地为中华兴旺发达与人类进步发展提供巨大的推动力量。

《中华当代著名科学家传记书系》（以下简称《书系》），正是根据时代发展的需要编著出版的。本编委会于20世纪末即论证决定永久地编著出版这套书。科学与社会永久发展，著名科学家不断涌现，传记书系的编著出版必须永久地与时俱进。本《书系》将选录两岸四地和海外的诸多高层次的中华自然科学家、工程科学家和社会科学家。被选录的每一位科学家，都将由编委会和出版社为其编著出版一种既侧重于科学生涯，又全面记述人生经历的经典性传记图书。

《书系》是一套面向社会公众，能够被图书馆珍藏和向社会各界展现中华当代著名科学家们献身科技创新、力推经济社会发展、为中华文明与人类文明贡献毕生心血的高品位读物。本《书系》将生动记述科学家们赤诚中华、献身科学、勇于创新、严谨治学、大力协同、艰苦奋斗的精神与品格，展示他们的不懈追求、科学思维、科学成就、奋斗历程，以榜样的力量激励人们奋发进取，为中华与世界的科学腾飞、经济发展和社会进步不断地再创辉煌。

《书系》通过科学家生平展现了中华民族对世界科学与人类社会发展作出的重要贡献，尊重知识尊重人才、安和友善精诚团结的优良传统，以及努力攀登世界科技高峰、为人类进步发展争做更大贡献的决心与信心。《书系》是一套严肃规范、内容准确的经典性传记，具有成规模和系统地集锦科学成就、珍储科学史料的档案功能，并为长远的、多方面的用途提供诸多具有代表性与系列性的精要蓝本，具有很高的和久远的存用价值，定将存传永久。《书系》也将在传播科学精神和科技知识，培育全社会创新意识，激励科技创新，推进科技与经济社会发展方面，发挥重要与深远的影响。

先进的科学技术，是先进生产力的集中体现与主要标志。著名科学家群体，是先进科学技术的领军团队。具有灿烂文明和辉煌科技史的当代中华学人及其著名科学家们，定会站在时代前列，传承发扬民族精神，为中华文明的复兴长久与人类的永恒发展，作出更大的贡献。

  如果中国不发展空间技术,如果党、国家和人民不交给我负责研制火箭和卫星……我也不会成为现在的王希季。

——王希季

王希季简介

王希季，白族，云南大理人，空间技术专家和航天学家。1921年7月26日出生于云南昆明。1942年毕业于西南联合大学机械工程系。1949年12月毕业于美国弗吉尼亚理工学院研究生院，获科学硕士学位。1950年回国后，相继在大连工学院（现大连理工大学）、上海交通大学任副教授、教授。1958年10月加入中国共产党。同年11月调入空间技术研制开发部门。曾任中国空间技术研究院北京空间机电研究所（前身相继为中国科学院一〇〇一设计院、上海机电设计院、第七机械工业部第八设计院）总工程师、所长。1979年以来，历任第七机械工业部第五研究院（即中国空间技术研究院）副院长、科技委主任、技术顾问，相继兼任航天工业部总工程师、航空航天工业部科技委顾问、中国航天工业总公司科技委顾问、中国航天科技集团公司科技委顾问、中国人民解放军原总装备部科技委顾问，并先后当选为中国空间科学学会第二届至第四届理事会副理事长、第五届理事会理事长（1996—1999年）和名誉理事长（1999—2001年）、第六届至第八届理事会名誉理事长。1987年7月当选为国际宇航科学院院士，1993年11月当选为中国科学院学部委员（1994年1月改称为院士）。是中国空间技术的创始者和组织者之一，在火箭探空、航天运载火箭和返回式遥感卫星、载人航天器、现代小卫星等方面卓有贡献。是中国自行研制发射成功的第一枚单级液体火箭及其后的气象火箭、生物火箭和高空试验火箭、核试验取样火箭的技术负责人，倡导并参与发展中国的无控制探空火箭技术和航天器返回技术两门技术。他创造性地把探空火箭技术和导弹技术结合起来，负责提出中国第一枚卫星运载火箭的技术方案。主持过"长征

1号"运载火箭的研制。作为返回式遥感卫星的总设计师，负责制定出既能立足国内技术和工业基础，又能达到国际先进水平的研制方案。作为研究院的小卫星首席专家指导并参与中国现代小卫星按系统工程和集同工作方法快好省的发展。作为中国"双星"工程总设计师负责进行和完成了地球空间双星探测系统的研制。领导过中国载人航天的预先研究，力主中国发展载人航天应从飞船起步，为神舟飞船载人航天工程的顺利发展提出过很多建议。他提出了太空资源、空间技术体系和空间基础设施等新概念，主持完成了中国高分辨率对地观测系统工程实施方案的论证和编制，负责进行了中国载人航天进一步发展、建设中国的空间基础设施和天基综合信息网、中国发展太空太阳能电站应采取的对策等关系到中国航天前景的课题研究。他作为项目的主要完成人之一，于1985年、1990年各获一项国家科学技术进步奖特等奖，于1987年获一项国家科学技术进步奖二等奖，于1996年获一项国家科学技术进步奖一等奖。1999年9月18日，获中共中央、国务院、中央军委授予的"两弹一星"功勋奖章。由他撰写和与合作者共同撰写的著作有《航天器进入与返回技术》《空间技术》《工程设计学》《卫星设计学》《20世纪中国航天器技术的进展》等10余部，论文有《论空间资源》《建设中国空间基础设施》等40余篇，研究报告有《2000年中国的航天技术》《快好省完成卫星任务》《国际载人航天活动的调整和中国的载人航天》《发展中国载人航天的讨论》《空间太阳能电站技术发展和对策研究》等20余份。

目 录

引 子 001

第一章 少年露峥嵘 005
一、良好家风的熏陶 007
二、小学毕业会考中"状元" 008

第二章 把聪明才智献给祖国和人民 011
一、以同等学力考入大学 013
二、半工半读的留学生涯 017
三、干事业还是回祖国好 018
四、文教战线当先进 020

第三章 投身祖国的航天事业 025
一、迎来中国要向太空进军的动员令 027
二、进入空间技术领域 029
三、研制火箭的初次尝试 032

第四章　箭探长空奏凯歌　　　　　　　　　　037
　　一、首次成功受赞赏　　　　　　　　　　　039
　　二、火箭气象探测水平渐渐高之一——向中层大气进军，
　　　　创中国火箭首次登上太空佳绩　　　　050
　　三、火箭气象探测水平渐渐高之二——实现火箭固体化，
　　　　为中国核试验提供气象资料　　　　　058
　　四、火箭气象探测水平渐渐高之三——攻克小型化难题，
　　　　进行发动机装药工艺创新　　　　　　062
　　五、送狗乘箭游蓝天　　　　　　　　　　068
　　六、火箭核云取样建奇功　　　　　　　　075
　　七、创建中国火箭探空技术学科　　　　　081

第五章　为遨游太空架天梯　　　　　　　　　083
　　一、开启中国航天运载技术之门　　　　　085
　　二、用探空火箭为卫星运载火箭做试验　　091
　　三、探索中国小型卫星运载火箭发展途径　092

第六章　卫星返回创奇迹　　　　　　　　　　099
　　一、研制返回式遥感卫星是一项难度大的航天工程　102
　　二、力主采用回收大容积返回舱的方案　　104
　　三、突破卫星回收技术　　　　　　　　　110
　　四、用探空火箭为返回式遥感卫星做试验　114
　　五、创议开展卫星国土普查活动　　　　　117
　　六、开拓中国太空微重力科学实验领域　　123
　　七、为卫星地图测绘铺通途　　　　　　　128
　　八、为返回式遥感卫星技术上水平谋良策　130
　　九、创建中国航天器返回技术学科　　　　134
　　十、倡导中国发展现代小卫星　　　　　　136

第七章　载人航天多创见　141
  一、直言"曙光1号"载人飞船任务定位不当　144
  二、力主中国载人航天从发展飞船起步　147
  三、剖析国外载人航天的得失之道　157
  四、探讨什么样的载人航天才能创造经济价值　160

第八章　开拓天疆的几个构想　167
  一、提出建设中国空间基础设施的思路和途径　170
  二、建议中国第二代卫星导航系统的建设分步实施　173
  三、研究中国发展太空太阳能电站应采取的对策　177

第九章　著书立说笔耕不辍　183
  一、率先在中国把发展空间技术与开发太空资源联系起来　185
  二、构筑空间技术系统完整框架　190
  三、开从设计学角度论述中国空间技术研制经验之先河　193
  四、系统总结20世纪中国航天器技术的进展　200
  五、阐述创新是引领发展的不竭动力　203

第十章　具有惊喜忙于事业的福寿岁月　209
  一、荣获"两弹一星"功勋奖章　211
  二、为中国在国际空间科学探测领域争光彩　213
  三、为中国高分辨率对地观测系统建设绘蓝图　219
  四、农历丙申年前喜迎党中央祝福　223
  五、庆祝首个"中国航天日"　224
  六、欢度建党95周年　226
  七、为中国在建设航天强国的征途上迈出重要一步点赞　227
  八、欣幸亲历党的十九大胜利召开　229
  九、与大学校友聚首纪念母校建校80周年　230

十、祝愿中国空间技术研究院在新时代为建设航天强国
　　创建新辉煌 231

十一、务实求是的良师益友 232

附录 237

附录1　王希季生平活动年表 239

附录2　王希季获奖成果 243

附录3　王希季部分论著目录 244

附录4　王希季为爱妻聂秀芳撰写的碑文 246

后记 247

引子

航天是人类挑战地球引力桎梏、开拓活动新领域——太空的伟大事业。齐奥尔科夫斯基（К.Э.Чиолковский，俄国和苏联的科学家，1857—1935）、戈达德（R.H.Goddard，美国科学家，1882—1945）和奥伯特（德国籍的罗马尼亚科学家，1894—1989）等航天先驱于20世纪初期在航天领域所做的开创性工作，为航天事业的发展奠定了基石。在上述3位最著名的航天先驱中，齐奥尔科夫斯基偏重于理论研究，率先论证了用现代火箭这种喷气工具进行航天的可行性，被世人誉为"航天之父"；奥伯特对现代火箭技术的开创起到较明显的促进作用，但后半生不为人知；而戈达德则领导研制成功世界上第一枚液体火箭，并被美国人尊为"火箭之父"。

戈达德于1908年大学毕业，1910年、1911年相继获物理学硕士学位、博士学位。在研究生学习期间，他开始转向利用火箭实现航天的科研工作。1904年，他发表了经过10年潜心研究和计算后写成的论文《达到极大高度的一种方法》。在这篇论文中，他论述了火箭运动的数学原理和计算方法，探讨了航天的原理，并提出了一种登月方案。从1921年起，他一边任大学物理教授，一边利用假日和假期试制液体火箭发动机，并领导研制小组成功地进行了世界上第一枚液体火箭的飞行试验和发射了世界上第一枚气象火箭。

1926年3月26日，在美国马萨诸塞州沃德农场大雪覆盖的田野里，一枚由戈达德负责研制的长度约3.04米、以汽油（燃烧剂）和液氧（氧化剂）做推进剂的小型、单级无控制液体火箭静静地竖立在简易的发射架上。当地时间下午2时30分，戈达德用吹焰灯点燃了发动机的导火线后，火箭拔地而起，升到空中。虽然这次试验所用的火箭还很简陋，发动机工作时间只有2.5秒，最大升高仅12米，但它能飞向蓝天却标志着液体火箭的问世。1929年7月17日，戈达德以其领导研制的一枚装有气压计、温度计和照相机的液体气象火箭发射成功，揭开了火箭气象探测的序幕。1940年，他负责研制的液体火箭已达到长度6.7

米、箭体直径46厘米,并使用涡轮泵来输送推进剂,使用陀螺仪和燃气舵来控制飞行方向,最大升高91米。除了大小有别外,这枚火箭的组成几乎与德国于1942年研制成功、后被德国在第二次世界大战中作为武器使用的V-2火箭(弹道式导弹)相同。

在世界随着苏联发射成功人类研制的第一颗人造地球卫星(简称人造卫星或卫星)而进入航天时代后,中国于1958年决定开创本国的航天事业。中国航天事业的发展,造就了不少戈达德式的人物,王希季就是其中的一位杰出者。

第一章

少年露峥嵘

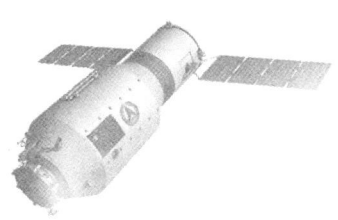

崇尚道德伦理的家风和家庭的变故,使王希季在少年时代就树立了一种责任感。正是这种责任感,激励他刻苦学习,从小就显露出不平凡的才华。

一、良好家风的熏陶

王希季出身于云南昆明的一个商人家庭,祖籍云南大理。

王希季之父王毓崐(字式西)、母周诗贞均为白族。他们有子女7人,王希季排行第三。其伯父王毓嵩(字式南)在清朝末期留学日本,回国后任教于昆明省立师范学堂,道德文章受人敬重,是当时有名望的教育家和哲学家,有"圣人"之称。

王希季出生时,其伯父和叔父均已谢世,父母双亲毫不犹豫地承担起供养祖母和同一代三家人以及教育三家下一代的重任。后来,他们还把大儿子王希孟继嗣给伯母,把五子王希尧过继给叔婶,使她们得享天伦之乐。父母亲重道德伦理、兴尊老爱幼的家风在王希季幼稚的心灵中留下了深刻的印象。成家立业后,他和夫人聂秀芳发扬家风,对年迈

年过不惑的王希季(右二)偕夫人伴老母携儿女游览故宫

的母亲力尽孝敬之道,对生活有困难的兄弟的家庭给予了不少资助。

在王希季的幼年时期,家庭情况良好,他就读的昆明省立师范附属小学(后改称昆华小学)校风严谨。他在回忆那段时期时说:"总的来讲,那时过得自由自在、无忧无虑。父母兄姐既没有给我提出什么限制和规定,也没有要把我培养和塑造成什么样人的叮嘱,甚至连我的学习

情况都不多过问,课余时间任我去玩,去阅读。一句话,就是让我自己活动成长。"在小学阶段,他平时的学习成绩一般,但兴趣广泛,初小(民国时期,小学分初等小学——简称初小和高等小学——简称高小,初小相当现今小学1~4年级,高小相当现今小学5~6年级)四年级就开始阅读《西游记》《水浒》等古典名著。

在王希季由幼年时期进入少年时期之际,他的父亲以诚信为本经营的商号因世界性经济萧条、国内长江流域发生特大洪水灾害和自身管理不善而亏损殆尽,随之家道中落。这时,他才知道"解决吃饭问题"是人生的大事,明白了人首先要有饭吃才能顾及其他的道理。由此,他心中逐渐树立起一种责任感、一种忧患意识。他在《自述》中写道:"这种责任感和忧患意识起初是对家人和自己的,后来随着年龄的增长而逐渐扩大到对家乡、对社会、对国家的。"正是这种责任感和忧患意识,激励他一直刻苦学习钻研,认真敬业工作,不图清闲安逸,对家乡和国家的发展十分关注,积极支持。

年近古稀的王希季向当时云南省全国人大代表介绍中国航天事业

二、小学毕业会考中"状元"

1933年,王希季高小毕业。平时学习成绩不怎么起眼的他,在昆明全市高小毕业会考中却取得了总分第一的好成绩。王希季在这次会考前并没有任何争高名次的意图和准备,但结果名列榜首,成为全市小学生中的"状元",这大大出乎学校、家长和他本人的意料。当时,有好几所中学给他发来了免考录取的通知书。小小年纪的他,却不得不为自己的求学和生活作认真打算。他看到家中经济十分拮据,想到父母亲常说"饥荒三年,饿不死手艺人",决定报考昆华高级工业职业学校的附属中学——𨸏(古汉字,音虹)山初级中学,以期今后能进入职业学校掌握一门技术,做个有专长的手艺人。

王希季以入学考试总分第一的成绩为𨸏山初级中学录取后,因学习勤奋,每学期成绩均位居班内前两名,从而获得了足以支付学杂费和伙食费的奖学金,使学业得以继续。更为难得的是,他注意德、智、体全面发展,学习时能帮助学有困难的同学,学习之余能抽时间阅读课外书刊,踢足球,去游泳。在初中3年间,他看了十几部文学译著和古典名著(如《茶花女》《雾都孤儿》等),蛙式游泳可游2 000米,任学校"长虹"足球队的前锋。从小注重体育锻炼,使王希季有一个健康的体魄,即使在以后漫长的人生中无论是艰辛的工作,还是贫困的生活,他都能安然挺过,保持旺盛的精力。1998年去海南省参加学术会议,2001年去海南省休假和2002年参加国务院组织的北戴河专家休假团时,他都要到海滨浴场中畅游,令同行者惊叹不已。近十年,他虽因心脏偶发停跳在体内植入心脏起搏器,但在90岁之前仍坚持工作日全天上班工作。年满90岁之后,单位领导只允许他工作日上午工作2小时,但如果到时没有同事提醒催促,王希季会一直伏案工作到中午12时才离开办公室。同事们都称赞他是不知疲倦的人。

王希季在海滨浴场中畅游

王希季偕夫人登海南三亚南山

1937年，王希季又以入学考试总分第一的成绩如愿以偿地进入昆华高级工业职业学校土木工程科。当年正值"七七事变"发生，全昆明新入学的高中生和大学生都要进行3个月的军事训练。在军训期间，抗击日寇，保家卫国的氛围深深感染着学生们。年少气盛的王希季凭着一股朴素的爱国情怀，萌生了报名参军上前线，抗击日本侵略者的念头。此事虽因他年龄小未被军队录取而作罢，但从那时起他的学习动机开始悄悄地发生了变化，从成为"手艺人"转到为抗日胜利学本领，就是说有点"工业救国"的影子了。

第二章

把聪明才智献给
祖国和人民

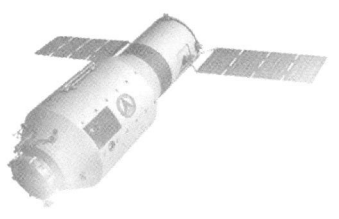

像许多老专家一样,王希季从新旧两种社会的经历中,逐步认识到只有共产党才能救中国、才能使中国繁荣昌盛这样一条颠扑不破的真理,逐步从"工业救国"之道转变到紧跟中国共产党,把聪明才智贡献给祖国和人民的康庄大道上。

一、以同等学力考入大学

抗日战争全面爆发后,北京大学、清华大学和南开大学 3 所著名大学组成临时大学,迁往湖南长沙。随着战火的蔓延,临时大学继续南迁。1938 年,迁至云南省会昆明,改称为"国立西南联合大学"。

国立北京大学前身是京师大学堂,创办于 1898 年,辛亥革命后更名为北京大学。蔡元培任校长时期将其教育思想付诸实践,古今中外各种思想和价值观尽可百家争鸣、百家齐放,形成了北京大学的传统。清华学堂建立于 1911 年,时为留美预备学校,1928 年改为国立大学。风景宜人的清华园里,课外活动丰富多彩,既有各种热烈的体育运动,也有许多文学、音乐和戏剧社团。清华大学的学术生活严谨而有条理,师生热衷学术研究。南开大学创办于 1919 年,以"允公允能"为校训,注重德、智、体全面发展,讲究群育。

西南联合大学融合了清华大学严谨、北京大学自由、南开大学活泼的校风,形成了"教授治校,学术自由,科学民主,着重实干"的特色。西南联合大学的目标是使学生接触尽可能广阔的知识世界,秉承"通才为大,而专家次之"的理念。要求学生首先拥有厚实的学术基础,然后结合自己的爱好和特长学习。

大师云集,学术自由,加上 3 所高校良好的声誉,西南联合大学吸引了大量品学兼优的学子前来报考。1938 年暑期,该校面向全国招生,并允许不具备高中毕业资格的学生以同等学力报考。应同班同学吴承康几次相约,刚学完高中一年级课程、本不想过早考大学的王希季抱着

"开眼界,不论取否"的态度,以机械工程系为第一志愿报考西南联合大学。不想,无心插柳柳成荫。考完两个月,报纸上公布了录取名单,王希季被西南联合大学按第一志愿录取。此事,不仅令他深感意外,更令他的中学老师和同窗学友十分吃惊,还在当时的昆明学界被作为佳话广为流传。

西南联合大学虽在抗日后方,但因受战局和恶性通货膨胀的影响,学校的住宿、伙食和学习条件很差,师生还常受到日本飞机轰炸的威胁。对王希季来讲,这些都算不上什么困难。摆在他面前的问题是:既要学习大学里的课程,又要补充高中阶段未学过的知识,加上过去从未受到使用英文教材、接受英语讲授和用英文做作业的训练,如何才能跟上学习的进程呢?王希季深知"功夫不负有心人""梅花香自苦寒来"的道理。为了对付恶劣的条件,克服学习上的困难和获得更多的学习时间,他自定了白天上课和活动,20时就寝,凌晨2时起床看书到7时,一天学习十四五个小时的作息制度,把电灯光较明亮、环境较安静的深夜利用起来。他的勤奋收到了好效果。他顺利地通过了大学一年级和二年级所有课程的考试,为按期毕业打下了良好的基础。到大学三年级和四年级时,王希季在学习上不仅对功课游刃有余,而且恢复了他在中学、小学期间大量阅读课外书籍的习惯。

进入西南联合大学,是王希季成长的一个重要转折点。在那里就学的四年时间内,他有幸得到诸多名家的谆谆教诲,受到学校内"笳吹弦诵""千秋耻终当雪"的环境和志气的熏陶。由此,使他不仅学识大有长进,眼界得到开阔,而且在为人处世和严谨治学等方面得到良好的培养,爱国家、爱家乡、爱人民的情怀得到进一步加深。王希季在回忆那段时期的生活时,举了一件使他终生难忘、终身受益的事情。在一次机械原理课程的平时测验中,授业老师刘仙洲先生要求答案中的数字必须精确到小数点后第三位。在当时只有计算尺的情况下,要达到这种计算精度只有用笔算。王希季自作聪明地认为用计算尺也能估算出来,结果因小数点后第三位的数字有误而吃了一个大鸭蛋(零分)。幸亏那次测验不是期末考试,不然的话,他会因考试不及格需要在下一学年补读机械原理课程后,才能接着学习机械设计课程,从而造成不能按期毕业的后果。通过这件事,王希季认识到搞工程是干零差错的事,来不得任何粗心大意,工程一旦出现差错就一切变成"零"。从此,严谨务实成为王希季对待工作的座右铭。

深为王希季敬重的刘仙洲先生(1890—1975,中国现代机械工程学领域的先驱),不仅在中国机械工程领域享有盛誉,而且在中国航空和航天界也颇有声望。在西南联合大学时期,刘仙洲先生是工学院机械工程系深受学生尊敬和爱戴的教授,他带头用中文教学,增进了大家对中国伟大的机械发明史的了解。为编著《英汉对照机械工程名词》,刘仙洲殚精竭虑,抗战期间就修订过两次,这部辞典对中国机械工程发展具有深远的影响。刘仙洲忠心爱国,严谨治学,强烈的社会责任感,深深地影响着王希季的一生。正是刘仙洲先生在其著作《中国机械工程发明史(第一版)》(1962年由科学出版社出版)中,把最早为美国学者赫伯特·基姆(Herbert S.Zim)在其著作《火箭与喷气发动机》(*Rockets and Jets*.1945年出版)公布的,有关中国明代有一个英文拼写为 Wan-Hoo(国内译为万虎或万户;按作者浅见,因中国古代称呼别人并非直呼其名,而是用"字",故 Wan-Hoo 宜看成为某人的"字")的人为试验火箭载人飞行英勇献身的传说,介绍到国内。由此,使包括王希季在内的中国航空航天界人士得知,中国不仅是古代火箭的故乡,而且很可能在600多年前就有了利用火箭实现航空航天的想法,进一步激发了他们为尽早实现中华民族飞天梦而奋斗的热情。

国门打开,一大批中国精英出国深造,接受新式教育,西方工业革命带来的经济迅猛发展,也冲击影响着中国的发展。王希季和当时许多接受了现代文明教育、满怀报国宏愿的学子一样,也相信"工业救国"之道。特别是亲身感受到国家落后就遭受侵略、人民颠沛流离的滋味,同时在学校广泛接触了新思想,开阔了眼界,学习和认识到能源是"工业的杠杆",他产生了将来投身于建设和发展能源事业,为改变祖国落后面貌出力的意愿。为了实现这一愿望,他在大学三四年级选课时,便偏重于动力工程方面的课程,打算大学毕业后到动力厂工作,有可能的话争取机会去国外,在动力工程领域做进一步深造。

王希季在西南联合大学学习的四年,也可以说是在战火中学习的四年。1939年10月3日,一百多枚炸弹落在西南联合大学师范学院及其他校舍。如此重大灾难也没有影响老师教学、学生上课,警报和空袭成了家常便饭。当警报响起,宝贵的科学仪器就放进大油桶,埋在由土坯筑成的实验室地下。由于昆明地下水位较高,不适合挖防空洞,躲避空袭的唯一办法就是跑到安全地带,"跑警报"成了战时的常用语。对于像王希季那些经历了战争艰苦岁月的西南联大人,坚持、坚定、坚强,是他们一辈子享有的精神财富。

在王希季进入西南联合大学后,他的双亲先因日本飞机时常轰炸昆明而返回故居大理避难,接着又于1939年携大儿子迁到大理西南的边境县城腾冲。1942年5月,腾冲沦陷后,王希季只知他的双亲又返回大理。从那时起,直至1942年大学毕业,王希季与父母失去了联系。为了打探父母的消息,王希季大学毕业后就奔赴大理。直到那时,他才首次领略到祖籍"银苍(山顶终年积雪的苍山)玉洱(水色碧绿、波光粼粼的洱海)"的绮丽风光。

王希季参加西南联合大学建校70周年纪念活动时与清华大学校长顾秉林(右一)等交谈

王希季是在大学毕业后工作了几年,才与云南大学经济系学生金桂英相恋的。不幸的是,从小就被父母许配给毕姓人家的金桂英因忍受不了金、毕两家封建礼教的鞭挞而悲愤自尽。经此突来的、巨大的悲痛和磨难,王希季的内心深处燃起了不满和反抗旧社会之火。随着时间的消逝、悲痛的转移,王希季遇到了昆明著名中医聂焕然先生的二女儿聂秀芳。聂秀芳也是云南大学经济系的学生，她的表哥与王希季是中学同学，也是好朋友。因此，聂秀芳与王希季相互都有一定的了解。在进一步相处中，他俩深感志同道合，间或结伴游大观公园（位于昆明市西4千米，内有大观楼等胜景）读天下第一长联，忆"数千年往事"、叹"滚滚英雄谁在"，或登西山（位于昆明市西南15千米）攀龙门（为西山胜景之一）眺滇池（又名昆明湖）赏"海天一色、烟波浩渺"之佳景。就这样，他和比他小四岁的她逐渐接近相爱，于1948年订婚，1950年结婚，互爱互敬相继走过金婚、钻石婚之年。

二、半工半读的留学生涯

1942年，王希季大学毕业，获机械工程学学士学位。为了给抗日战争出力，他暂时放下向往的动力工程方面的工作，到临近昆明的安宁县，在21兵工厂的分厂任职。抗日战争胜利后，他于1946年8月返回昆明，在耀龙电力公司发电厂任助理工程师。同年，他参加了当时教育部组织的公费留学生选拔考试。不久以后，他得到教育部发出的"成绩合格。因名额限制，特录取为自费留学生"的通知。当时，所谓"自费留学生"，实际上就是有资格按官价汇率购买出国留学所需外汇的留学生。那时，官价汇率与市价汇率相差多倍，按官价汇率买外汇不过是象征性地出钱而已，故"自费留学生"基本上就是公费留学生。此外，他还得到云南省政府奖励给每名被录取的自费留学生的一笔2 000美元的资助。这样，加上省吃俭用，他出国留学的费用得到解决。

1948年年初，刚与王希季订婚的聂秀芳用饱含深情的目光，送他踏上了远渡重洋的旅程。王希季成为继他伯父王毓嵩之后，云南大理王家的第二代留学生。

1948年5月，王希季来到异国他乡——美国东部的弗吉尼亚州。为了能从下一学年开

风华正茂时的王希季

王希季在美国留学时的留影

始攻读硕士学位课程，他利用美国大学的暑假先到位于州首府里士满的里士满大学研究生院暑期进修班进行了短期学习。当年9月，他进入了当时美国唯一设有动力及燃料专业硕士研究生班的弗吉尼亚理工学院研究生院。该校研究生院规定，攻读动力及燃料专业硕士学位的研究生，不仅要获得足够的学分，还要到热力发电厂去实习。这样，王希季每隔一天就要去发电厂接受培训并从事工作8小时。在工厂里，他从做锅炉工开始，在学会发电厂所有岗位上的工人的技能后转做技术员工作，最后做负责发电厂一个班8小时全面工作的领班员。这种边学习、边实践的"半工半读"生活，使他通常要到凌晨1时以后才能就寝，早晨7时之前就得起床。那段时间，尽管学习和工作都十分紧张，但他受益匪浅，既学到并运用了专业知识，又懂得了电厂的经营管理。1949年12月，王希季（合作者潘良儒）撰写的硕士学位论文"An Investigation on Combustion of Individual Coal Particles"《分散态煤粒的燃烧研究》通过了答辩，他获得了科学硕士学位。

三、干事业还是回祖国好

1949年10月1日，中华人民共和国成立，历史翻开了新的一页。抱着工业救国愿望出国深造学本领的王希季，十分关心祖国的前途命运。特别令他赞叹不已的是《纽约时报》上刊登的两张反映当时中国动态的照片。这两张照片，一张反映了中国人民解放军露宿上海街头的情景，一张记录了中华人民共和国开国大典的盛况。看到这些照片，他为终于有了自己的人民军队而深感自豪,他为新中国的诞生而欢呼,为中华民族从此屹立于世界民族之林而骄傲。曾在西南联合大学聆听过闻一多(著名的爱国民主人士,1946年7月在昆明被国民党特务杀害)等先生讲课和李公朴(著名的爱国民主人士,1946年7月在昆明被国民党特务杀害)

王希季返国前夕在美国旧金山逗留时的留影

等先生演讲,对旧社会不满、对未来的新中国有着一种朦胧向往的王希季,觉得能把领土那么辽阔、旧日呈一盘散沙状态的祖国统一成一体的中国共产党和新中国政府,一定是一个先进的、有非凡能力的党,一定是一个坚强的、非常了不起的政府。他看到祖国富强有望的曙光,感到有一种母亲唤儿归的声音在心中回荡。原本就不打算在美国发展的王希季,更加坚定了回到祖国怀抱的决心。

王希季借他姨父和大姐家居香港的有利条件,向英国领事馆申办了前往香港的签证。1950年2月,王希季和其他一些留美学者在留美中国科学工作者协会的帮助下,从美国西部的旧金山登上"克利夫兰总统号"邮轮。这艘邮轮将途经檀香山、马尼拉、东京到达香港。令王

王希季乘"克利夫兰总统号"邮轮返回祖国

王希季留学回国途经香港时留影

年逾古稀时的王希季访问美国期间在科罗拉多州停留时的留影

希季惊喜的是，华罗庚（数学家，1910—1985）教授一家也在这条船上。华罗庚教授曾是王希季在西南联合大学期间的老师。在旅途中，王希季和同时回国的留美人员十分赞赏华罗庚教授放弃在美国的终身教授职务，毅然回国的决定，完全同意华教授在回国前致留美学生公开信中所阐明的观点。华教授在那封信中这样写道："总之，为了抉择真理，我们应当回去；为了国家民族，我们应当回去；为了为人民服务，我们应当回去；就是为了个人出路，我们也应当早日回去，建立我们工作的基础，为我们伟大祖国的建设和发展而奋斗！"这是一封饱含赤子忠诚的信，信中的每一句话都燃烧着激情，给了王希季等人极大的动力，更加坚定了他们为祖国效力的决心。他们一致认为，干事业还是回祖国好！在旅途中，华教授和年轻的学者们一起憧憬新中国的美好未来，一起畅谈如何把聪明才智贡献给国家和人民以实现最大的人生价值。

王希季一行到达香港后，经新华社香港分社的帮助，又乘船抵达天津，终于回到了欣欣向荣的祖国。

四、文教战线当先进

为结合专业特长和实现为建设发电厂出力的夙愿，王希季一到北京就要求到燃料工业部工作。在位于天安门西南的留学生接待处，王希季与他在西南联合大学就读时的老师张大煜教授（首届中国科学院学部委员）不期而遇。张教授时任大连工学院化工系主任，兼任东北科学研究所大连分所（中国科学院大连化学物理研究所的前身）副所长，这次来北京是为大连工学院招聘留学生。张教授亲切地告诉他,新中国在大连创办了一所名叫大连工学院的新型大学,学院很需要也很尊重人才,到那里是可以干一番事业的。经不住张教授颇有见地的劝导和他的一位同学的再三动员,王希季答应先到大连工学院去教书。

1950年5月,王希季和其他应聘者一起来到大连工学院。他一到学校,就看到学院在屈伯川院长的领导下呈现出一派生机勃勃的景象。他感到,那里虽处于创建阶段,但催人奋进。

转眼间,新中国成立一周年的日子就要到了。王希季把他的终身大事的大喜之日和新中国的生日合在一起庆祝。1950年10月1日,从大连来到北京的王希季和从昆明来到北京的聂秀芳在首都庆祝国庆的礼炮声中举办了简朴的婚礼。长期相恋的他和她,终成伉俪。婚后,王希季夫妇在大连安家落户。很可能因为王希季和聂秀芳的婚礼是在国庆那一天举行的,所以他们3个儿女的名字均用庆作为第一个字,分别叫庆人(儿子)、庆苏(大女儿)和庆红(二女儿)。随着中国的改革开放,王庆苏和王庆红相继去美国留学、工作。留在国内的王庆人,曾任中国宇航出版社副社长,很可惜已英年早逝。给王希季夫妇带来极大乐趣的孙女(王庆人之女)长大成人后也赴美国留学。2014年9月27日,王希季遭遇到人生中又一个极其痛苦的变故,结伴

王希季与聂秀芳新婚时的合影

王希季与夫人在大连时的合影

王希季夫妇与孙女在一起享受天伦之乐

64年的妻子溘然离世。历历往事不断涌上王希季心头。夫妇俩相濡以沫，互敬互爱，一起品尝了人生的疾苦，一起享受了人生的快乐。想到在事业起步维艰之时她是他的坚强靠山，想到在"文化大革命"中遭受不公平待遇之时她是他的温暖驿站，想到在事业有成享受人生荣耀之时她是他的平静港湾，王希季悲痛万分，不禁失声痛哭、喃喃自语"怎么会？怎么可能？我一直在等她（从医院）回家……"王希季满怀对聂秀芳的深切思念，亲自为爱妻写下了充满暖暖爱意、敬意的碑文（附录5）。王希季含泪与家人、亲友一起送别了聂秀芳后，从悲伤中走出来，继续着他的未竟之业——为中国从航天大国变成航天强国而努力奋斗。

王希季有个信条，凡是答应了的事情就要尽全力去做好，否则干脆就不要答应。凭着这个信条，王希季在平凡的教学岗位上做出了出色的成绩。

刚到大连工学院时，王希季所在的教研室仅初具规模，他负责讲授的动力工程方面的课程还没有教材。为此，时任副教授、机械系涡轮机教研室主任的他立即全身心地投入工作，花了不到一年的时间就掌握了俄文，并与杨长骙教授等一起将苏联的高等学校教材《船舶汽轮机》翻译成中文。他认真教书育人，对主讲的锅炉学、蒸汽透平、涡轮机和船舶汽轮机等课程都编写出教材。他以优秀的教学成绩和敬业精神受到学校领导的重视和同学们的欢迎。连当时在学院里的苏联教授和顾问也对王希季表示敬佩，他们最欣赏的是这位小个子的教研室主任敢于在学术问题上同他们进行坦率的讨论。

1954年春季，王希季针对自己在教学实践中发现的向苏联学习存在教条主义倾向，造成学生负担过重的弊病，以系工会主席的身份在机械系主持召开了检讨教学质量的座谈会，交流解决上述问题的办法。当年4月16日，《光明日报》发表了大连工学院孙懋德先生就此事写的题为《克服教学上的主观主义》的通讯。

王希季在大连工学院期间，对教学外的工作也十分关心。他参加过该校凌水河校舍的建设，是该校舍第一批建筑暖气管道的设计者。

1955年1月，王希季随大连工学院机械系调整到上海交通大学。在上海交通大学，他先任船舶动力系涡轮机教研室主任、副教授，讲授船舶汽轮机和燃气轮机等课程；1958年9月调到新成立的工程力学系任副主任、副教授，1960年晋职教授。在此期间，他的世界观转变得

王希季在大连工学院时与机械系师生的合影

到升华，于 1958 年 10 月加入了中国共产党。他的教学工作十分出色，1960 年他领导的教研组被评为上海市文教战线先进集体，他本人被评为上海市文教战线先进工作者。在不断钻研和多年教学的基础上，王希季和钟芳源教授合作编著了《船舶汽轮机原理与热计算》这部高等学校教学用书。该书于 1961 年由北京科学教育出版社出版。

1960 年至 1965 年，王希季还兼任上海科技大学教授，为该校火箭技术专业的创建和发展做出了较大贡献。

王希季与上海交通大学师生合影

当年曾被王希季推荐到上海科技大学为该校火箭工艺专业的学生讲授"火箭构造与强度计算"课程的刘士良（时为上海机电设计院火箭结构室技术员）在一篇回忆文章中写道："为适应我国航天事业发展的需要，上海科技大学于 1962 年筹建火箭工程系（注：应为工程力学系），王总（同事们对王希季的尊称）是建系负责人。"他在负责繁重的上海机电设计院技术工作的同时，还要为上海科技大学火箭工程系找老师、找资料。"针对我因为没有当过教师、搞过教学，存在畏难情绪，王总一方面对我进行鼓励，另一方面向我详细讲述课程的内容和要求，并要我先写一个授课大纲给他看。待我把授课大纲交给王总，经他认真阅读表示基本同意，并写了几条具体意见和对大纲的内容提出了一些补充后，我鼓起了当好教师的勇气。就这样，在王总的鼓励和支持下，经过努力，我终于完成了一学期的教学任务。"

第三章

投身祖国的航天事业

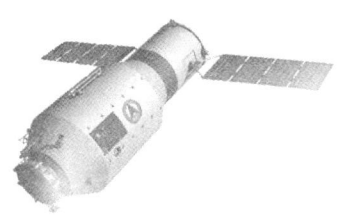

中国发展航天事业，改变了王希季的人生轨迹。原本可以在教育战线取得更大成就的他，迈进到一个完全崭新的领域。王希季抓住机遇，迎接挑战，成为中国航天事业的创始人和中国空间技术（航天技术的同义词）的一个领头人。正如他曾十分动情地说过："作为一名专家，我不否认个人的天赋和勤奋，但如果中国不发展空间技术，如果党、国家和人民不交给我负责研制火箭和卫星，我怎么能起到这样的作用？如果不给我这样的环境和条件，我也不会成为现在的王希季。"

一、迎来中国要向太空进军的动员令

世界航天事业的发展，迄今已有100多年的历史。1903年和1911年，俄国科学家齐奥尔科夫斯基在1898年就已完成撰写的《利用喷气工具研究宇宙空间》这篇对航天事业具有奠基性意义的论文的第一部分、第二部分相继被公开发表。在这篇文章中，他论证了喷气工具（火箭）用于星际航行的可行性，导出了著名的火箭理想速度的公式，奠定了现代火箭技术和航天技术的理论基础。从那时起，经过近50年的理论探索和技术准备，世界航天事业于20世纪50年代转入开展工程研制、实现太空遨游的新阶段。1957年10月4日，苏联把世界上第一个航天器——"伴侣1号"（有时译为"卫星1号"）人造地球卫星（简称人造卫星或卫星）送入环绕地球运行的轨道。此后不久，苏联又成功地发射了该国的第二颗卫星。美国也于1958年1月31日（美国东部时间；如以格林尼治时间计，则为2月1日）把该国的第一颗人造卫星——"探险者1号"卫星送上太空。这些事件标志着人类已能战胜地球引力的桎梏，表明人类认识客观世界的手段和改造客观世界的能力有了新飞跃，宣告人类的活动领域已由地球的陆地、海洋和稠密大气层扩大到太空（指地球稠密大气层之外、太阳系之内的空间区域，近乎等同于太阳系空间，也称宇宙空间或外层空间，简称空间，在中国还称为

"天")。

世界进入了航天时代!

已经站起来的中国人民该怎么办?作为古代火箭故乡的中国要不要在世界航天领域占据一席之地?处于向科学进军(指20世纪50年代中期,中国科技界为赶上世界先进水平而采取的行动)热潮中的中国科技界对此给予极大的关注,不少著名科学家积极倡导开展人造卫星的研究。中国的领导人也在高瞻远瞩地思考着这些问题,并做出了发展中国航天事业的战略决策。

1958年5月17日,毛泽东主席(1893—1976)在中国共产党第八次全国代表大会第二次会议当日召开的全体会议上讲话中说:"苏联人造卫星上天,我们也要搞人造卫星,我们也要搞一点""要搞就得搞大一点"。毛主席的这些话,后来被精练成"我们也要搞人造卫星"作为最高指示发表。1958年,中国迈开了向宇宙进军的步伐!

对于毛主席代表党和国家发出的中国要进军太空的动员令和挑战地球引力束缚的宣言词,当时在教育战线的王希季以及绝大多数中国人是不知道的。王希季更不会想到,正是党和国家的这一决策改变了他的命运。

通过多年的航天实践和对毛泽东思想的学习,王希季和同事们愈来愈深刻地体会到毛主席提出的"我们也要搞人造卫星"这句只有9个字的指示,言简意赅,含义深刻,既体现了毛主席对中国要在世界航天领域占有一席之地的坚定意志和对中国人民创建航天伟业的必胜信念,还寄予了毛主席对发展中国航天事业要坚持自力更生和以自主创新为主的原则,要走中国特色的道路的殷切期望。

正是毛主席以及中国领导人对发展中国航天事业的一系列英明决策,指引中国的航天事业取得了举世瞩目的成就,并为王希季提供了不断发展的机遇。

二、进入空间技术领域

承担开创中国航天事业重任的中国科学院，将研制人造卫星列为该院 1958 年的第一项重点任务（代号"581 任务"），并于当年 8 月成立了以钱学森（1911—2009，时任中国科学院力学研究所所长等职务）为组长的、组织和协调人造卫星研制工作的领导小组（又称"581"领导小组）。"581"领导小组下属 3 个设计院（当时均在北京）。其中，承担人造卫星和运载火箭总体设计任务的 1001 设计院由郭永怀（1909—1968，时任中国科学院力学研究所副所长、研究员）任院长，杨南生（1921—2013，时任中国科学院力学研究所副研究员）任副院长。

在此之前，中国已在秘密地发展导弹。导弹技术与空间技术在有些方面（如火箭技术、飞行力学、控制等）有共同之处，但从发展目的和功能等根本方面看，是两个不同的领域。因此，中国科学院 1001 设计院是与中国的导弹研制机构——国防部第五研究院不同的、新成立的中国空间技术研制单位。

为了借助上海的工业和人才优势，经中共中国科学院党组和上海市委商定，将 1001 设计院的总体设计部和发动机设计部的研制力量搬迁上海，由上海市增补力量组成上海机电设计院（该院于 1965 年 8 月搬迁北京，改称第七机械工业部第八设计院，简称七机部八院；1971 年 3 月划归中国空间技术研究院，改称北京空间机电研究所）。1958 年 11 月上旬，1001 设计院迁沪人员在杨南生副院长的带领下抵达上海。与此同时，上海机电设计院正式成立。由此，上海开始了航天事业的发展。

就在这个时候，王希季奉中共上海市委之令，调任上海机电设计院技术负责人（1960 年任总工程师，1978 年任所长），并保留在上海交通大学的职务。那时的王希季已是在教学上积累了颇丰富的经验、在所从事的动力领域专业上有较深研究的优秀教师，而且当时他正根据上海交通大学与民主德国一所著名大学签订的交换涡轮机专业教授的协议做好了赴民主德国讲学的准备。因此，对这次奉调，他说不上十分情愿。但已成为中国共产党党员的他，服从党组织的决定绝不带有任何迟疑。

王希季拿着介绍信到位于淮中大楼（该楼是上海机电设计院从1958年10月组建至1959年5月期间的办公楼，还曾是新中国第一家中外合资企业——1951年6月成立的中国和波兰轮船股份有限公司在中国的办公地点。该楼位于徐汇区淮海中路北侧，东湖路西、华亭路东，建于20世纪30年代，是一幢八层钢筋混凝土现代式高级公寓，又称淮中公寓，门牌号为淮海中路1162号，现为上海市优秀文化保护建筑）的上海机电设计院报到时，意外地遇到在西南联合大学与他同龄、和他同系、比他低一届的同学杨南生。当年，在西南联合大学的足球场上，杨南生是把守城池的守门员，王希季是冲锋陷阵的前锋。后来，王希季到美国留学，杨南生去英国深造，两人于同一年返回祖国的怀抱。这次久别重逢，彼此都十分高兴。有趣的是，他们两人在上海机电设计院共事期间，杨南生主要负责全院的全面工作和研制条件建设，而王希季则集中精力抓火箭型号研制和技术攻关，两人的分工颇像当年足球场上的关系。他们都当之无愧地是中国航天事业的创始人。

当王希季从杨南生和上海机电设计院党委书记艾丁（时为中共上海市委候补委员）的介绍中得知，上海机电设计院是中国科学院为开创中国的航天事业与上海市共同组建的一个搞空间技术的保密单位，现在处于初创时期，基本上是"一无所有"状态。他为能投身到这样一个伟大而神秘的事业，肩负开创的重任而激动不已，决心抓住机遇、迎接挑战。

和王希季同期调入上海机电设计院的还有从上海市多所高等院校和中等专业学校提前毕业的二三百名学生以及从一些科研单位和工厂抽调的几十名技术人员和党政干部。这些与王希季一样过去对火箭和卫星专业知识一无所知的上海各行业人员，与从北京1001设计院转到上海的、刚进入空间技术领域才几个月的近一百名人员，为了一个共同的目标集合在一起，开始了开拓中国航天事业的奋斗。可以说，作为中国空间技术领域一支新兵的上海机电设计院，从院领导到中层干部到一般成员，全部都是从头开始学习有关人造卫星和运载火箭的专业知识，从头开始创造这方面的研制条件。值得庆幸的是，中国科学院、中共上海市委和上海市政府对设计院的工作极其重视，上海市有关单位彰显大力协作精神，全力以赴支持设计院的工作。设计院里聚集的年轻人尽管没有工作经验，没有火箭专业知识，但他们心中充满了神圣感和自豪感。有位刚刚从大学分配来的学生在黑板上画了一个火箭，在火箭的旁边书写了铿锵有力的三句话："今天画在纸上，明天拿在手上，将来飞在天上！"多么豪迈的气势。这是一支事业心强，工作热情高，有朝气，肯学习，乐于吃苦，具有自力更生、艰苦奋斗、实事求是、勇于登攀精神的生力军。王希季相信，依靠上级领导的带领，依靠兄弟单位的协作，依靠全院人员的努力，发扬尽力而为的无畏气概和量力而行的求实作风，设计院一定可以在航天领域不断前进、有所作为。

作为技术负责人的王希季和担任副院长的杨南生深知，光凭外部条件的支持和精神动力的支撑，还不足以打开中国空间技术的大门。在一没有专业知识和实践经验，二没有现成的设计资料可供仿制，三没有火箭和卫星领域专门人才的情况下，他们认为，首先要尽快地使自己成为这方面的行家里手，与此同时带领全院人员边学边干，掌握有关的技术。为此，他们俩一方面在设计院内开办了由几个学习班组成的红专大学（当时一种既提高政治觉悟又传授专业知识的群众性办学形式），另一方面在紧张工作之余，经常查阅资料至深夜，还"现买现卖"地亲自开课（如杨南生开设飞行力学，王希季讲授火箭技术、火箭发动机原理），并请来中国科学院的专家（如力学研究所的李敏华研究员、卞荫贵副研究员）和上海高等院校的教授为科研人员讲授空气动力学、飞行器结构力学等理论知识。杨南生和王希季极力倡导、鼓励科研人员互教互学，他们亲力亲为带领和指导科研人员进行火箭和卫星设计，同时派送科研人员到工厂参加产品制造（当时称为"赶鸭子下水"）。因此，王希季与杨南生工作和学习的紧张、繁忙较别人就更加重一层了。现今许多原上海机电设计院已退休的职工回忆当年杨南生和王希季给他们上课的情景还历历在目。王希季的夫人聂秀芳生前更是感慨万千。

聂秀芳曾在回忆当年情景时说:"家中的事什么也指望不上王希季。每天,他一早就离家去上班,很晚才从单位回来,回家后还要看书学习。有时我一觉醒来,见他还在伏案阅读。星期天,他也不能休息。最使我不解的是不知道王希季从事什么工作,对我的提问他连闪烁其词的回答都没有,干脆就是闭口不谈。只见他回家时,有时忧心忡忡,茶饭不思,有时又是喜形于色,高兴得像个孩子。凭着敏感,我觉得王希季肩上一定压着一副不寻常的重担。于是,我也就不再去问,只是默默地分享着他的欢乐,也默默地分担着他的忧虑。"1965年聂秀芳调入航天系统工作后,她仍然保持着这种习惯,对丈夫的工作不多问,把照料好家庭、关心丈夫的健康作为义不容辞的责任。王希季曾动情地说:"有聂秀芳,我工作上就没有后顾之忧了。"他认为,他能取得较大的成就、获得较高的荣誉,离不开同事的努力和家人的支持。正如歌曲《十五的月亮》的唱词"军功章啊,有我的一半,也有你的一半"。

三、研制火箭的初次尝试

王希季到上海机电设计院时,设计院除了继续设计1001设计院提出的代号为T-3和T-4的采用高能推进剂(氧化剂为液氟、燃烧剂为甲醇)的卫星运载火箭外,还从积累研制运载火箭的经验和锻炼技术队伍出发,开始设计一种采用常规推进剂的、用于进行高空大气结构探测的、比运载火箭简单的代号为T-5的单级液体火箭(该火箭后来被称为"探空5号"火箭)。王希季回忆说:"尽管那时大家干劲冲天,但知识不足,设计出的T-3和T-4火箭,顶多不过是大学生或硕士生毕业设计或论文的水平,根本拿不出去加工生产。拟采用的高能推进剂的一个组分——液氟尚处于化学家在实验室里做出样品的阶段,且毒性太大,还达不到找工厂生产和提供使用的程度。因此,卫星运载火箭的研制工作仅做到了'纸上谈兵'。但通过努力,T-5火箭的研制还是取得了一定的进展，并通过该火箭的研制实践找到了设计院发展火箭技术的突破口。"

T-5火箭方案以德国在第二次世界大战期间研制成功的、国外文献有介绍的V-2火箭（实际上为近程弹道式导弹）为参考，其起飞质量2.62吨、发动机地面稳态推力49千牛，均约为V-2火箭相应值（13吨，260千牛）的1/5。T-5火箭箭体直径0.85米，采用挤压式（输送系统）液体推进剂发动机做动力装置，氧化剂为液氧，燃烧剂为甲醇；为保证火箭能稳定地以垂直于地面的姿态向上飞行，箭体内装有航向自动控制系统，用自动操纵燃气喷射方向的方法纠正航向偏差；同时，为使航向控制系统能正常工作，用自动操纵副翼（位于火箭尾翼根部、可摆动的翼面）的方法控制火箭自转。

应该说，T-5火箭的方案在当时是一个技术较先进的方案。对于从未搞过火箭的上海机电设计院来讲，要设计并负责研制出T-5火箭确实难度极大，面临的是一条布满荆棘的道路。怀着开创中国空间技术的雄心壮志，全院职工明知山有虎，偏向虎山行。通过夜以继日的工作，于1959年3月就基本完成了火箭的技术设计（按现今标准，只是模样阶段的设计），并明确了该火箭研制必须解决的10项关键技术：推进剂贮箱的受力分析和制造，尾翼气动特性及副翼控制效率计算，推进剂输送系统中软管和管道的保温、绝热，推力室壁面冷却和热应力计算，发动机点火装置，火箭运动方程建立和数学模拟，火箭蒙皮温度计算，结构动力学特性分析，推进剂混合比调节，推力室摆动控制。在杨南生、王希季的带领和上海市有关厂所、高等院校的协作下，这些关键技术问题大多数在理论上获得一定的突破，不少项目还取得工程研制成果。

推进剂贮箱制造工艺攻关是T-5火箭研制过程中研制人员齐心协力、奋勇拼搏的一个典型事例。该贮箱箱体直径约0.77米，选用厚度2毫米的铬锰矽钢钣材制造。当时国内尚无这类钢种，上海第五炼钢厂根据上海冶金局和材料研究所确定的配方，冶炼并轧制出合格的钣材。材料问题解决后，贮箱顶盖的冲压成形、箱体焊接、整箱热处理成为这种大直径薄壁产品加工中的3个"拦路虎"。贮箱顶盖冲压成形，开始时由于钢板厚度薄、塑形变形差以及冲床吨位不够，整件冲压起皱现象严重；后来改用先分块冲压、分瓣手工成形，再拼焊的方法才获得成功。贮箱箱体焊接，最初采用电弧焊，但因铬锰矽钢焊接性能差，致使焊缝气孔多且容易产生裂纹，只得另辟新途。经改用电焊加气焊的方法，即先对钣材进行电焊，再用气焊对气孔进行补焊，方解决问题。贮箱热处理经过直接淬油、喷水淬火、喷雾淬火等多次失败，最后采用喷水"淋浴"方法才取得突破。为了实现这种热处理工艺方法，研制人员专门设计制造了喷水"淋浴"设备。它是一个由多根空心直管和上、下各一个空心圆环构成的直径1.5米、高3.5米的鸟笼式构件，上面钻了25 000多个直径1毫米的小孔。当炽热的贮箱从热处理炉中吊出，由行车送入"淋浴"设备后，冷却水从小孔喷出，使贮箱温度均匀地迅速降低，从而使贮箱的变形量和强度性能达到了设计要求。

在攻克贮箱热处理的过程中，还发生过"失密"事件。有关研制人员在不知当时中国和苏联的关系虽未公开决裂，但已很紧张的情况下，曾向一位在上海的苏联材料工艺专家咨询过如何对薄壁容器进行热处理，并带他到"淋浴"现场商讨这种工艺的可行性。这件在现今看来不算什么事的与苏联专家的接触，被上级部门得知后，认为涉及失密，责令上海机电设计院的领导（其中也有王希季）做出书面检查。作为技术负责人的王希季，尽管事先并不知道原委，但不推诿责任，坦率承认保密观念不强、技术管理不力。

在T-5火箭产品加工生产之时，上海机电设计院的技术人员一部分深入空军第十三修理厂、上海柴油机厂、上海汽轮机厂等工厂的保密车间跟班作业，一部分在院内忙于对火箭性能进行理论分析，对火箭参数进行数字计算等。当时，他们最好的计算工具是用手敲打的电动计算机。为了给出T-5火箭的飞行轨迹，弹道组将组内人员分成三人一组，其中两人独立计算、一人负责校对，每组工作八小时后另一组接着干。就这样用了两个多月的时间，才用数值积分法算出了一条完整的飞行轨迹，累计计算工作量达50万组次（运算次数）。记录T-5火箭弹道计算数据的纸，一张一张地叠起来比办公桌还高。

经过艰苦努力，T-5 火箭的绝大多数部件和组件加工出来了，并于 1959 年 12 月完成了一枚火箭的结构总装工作。因发动机系统缺少试验条件而未能进行水压试验和热试车，自动控制系统中的少数部件未达到设计要求、且多数部件和整个系统未进行动态模拟试验（即自动控制系统还不能按预定要求连续运行），加上没有可供使用的发射场，这枚注入成千人心血的火箭最终只成了当时的一个"引人注目的展览品"。

T-3、T-4 和 T-5 火箭的研制工作虽然未达到目的就告终止，但它们的研制实践使上海机电设计院的研制人员，特别是王希季等院领导悟出了：研制运载火箭是为了发射卫星，研制探空火箭是为了发射探空仪器；"发射火箭"不仅要有火箭和火箭的有效载荷，还要有火箭发射场和测控手段，否则就完成不了发射火箭的任务；上海机电设计院应先掌握"发射火箭"的规律，掌握这种规律可以从小的、做得起的、比较现实的目标开始，不必急于硬啃难以实现的目标。

在上海机电设计院认识和总结上述经验教训的过程中，传来了上级领导关于调整中国航天事业发展步伐的决策和改变上海机电设计院承担的任务的建议。1959 年 1 月，中共中国科学院党组遵照邓小平同志（时任中共中央书记处总书记，国务院副总理）关于现在放卫星与国力不相称，要调整空间技术研究任务的指示，决定纠正在基本条件不具备的情况下急于搞人造卫星的偏向，决定暂停运载火箭和人造卫星的研制，把上海机电设计院的力量转到重点搞探空火箭，以研制探空火箭作为发展空间技术的练兵手段。同年 7 月 10 日，上海机电设计院的业务主管部门——中国科学院 "581" 领导小组的组长钱学森根据中国的国情和火箭技术发展的现状与需要，建议上海机电设计院改变原定研制运载火箭发射人造卫星的计划，把设计院改建为一个设计和试制探空火箭的单位，以研制气象火箭作为先导任务。

上级领导的决策和建议，坚定了包括王希季在内的上海机电设计院领导思考多时的想法。为了推进中国的火箭探空事业和为今后中国研制运载火箭、发射人造卫星打好技术基础，他们认真反思了前一段把目标一下子定在技术较复杂的有控制火箭的研制上以及只抓火箭研制，未抓与火箭配套的地面试验设备和发射场的建设，致使 T-5 火箭成为一个只可供看、无法使用的"展品"的教训，提出了以研制技术难度较小的无控制探空火箭作为设计院发展火箭技术的突破口，决定：由杨南生负责"发射探空火箭"的大工程（即火箭探空系统），由王希季负责探空火箭的研制，从 1959 年 8 月开始进行"探空 7 号"（代号 T-7）火箭气象运载系统和"探空 7 号模型"（代号 T-7M）火箭探空试验系统的研制。这些做法，得到中国科学院、上海市领导的批准和中央领导同志的肯定。

1965 年王希季参加中国代表团出访法国巴黎

1959 年 12 月 6 日，国家主席刘少奇、邓小平等中央领导同志莅临地处上海的中国人民解放军空军第十三修理厂，视察 T-5 火箭的试制和总装情况。在刘少奇主席、邓小平副总理等中央领导同志视察的过程中，王希季和艾丁向他们介绍了 T-5 火箭的研制情况，并回答了他们提出的问题。中央领导同志对设计院工作的热情鼓励和要求设计院循序渐进的谆谆教诲，王希季多年来仍记忆犹新。

第四章

箭探长空
奏凯歌

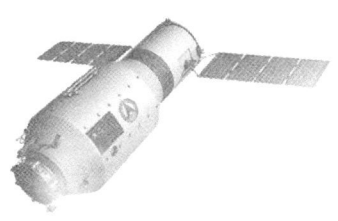

火箭探空指利用火箭上装载的有效载荷探测研究地球中、高层大气环境，开发利用中、高层大气资源。为了进行火箭探空，需要发展由探空火箭、发射场、探测试验设备（即有效载荷）和地面跟踪测量设施等组成的火箭探空系统。其中，前两项组成了火箭探空运载系统，后两项组成了火箭探空测量（或试验）系统。

火箭探空系统是中国发展空间技术的起步项目之一，火箭探空是中国在高新技术中较早取得突破、较早达到国际水平而且应用较为广泛、成果较为丰硕的一个领域。王希季为开拓和发展这个领域做出了重大贡献。在王希季等的领导下，上海机电设计院及其后身与有关单位密切配合，从1960年2月开始的20多年间，不断在长空奏响火箭探空的凯歌。

一、首次成功受赞赏

在上海机电设计院明确了开拓中国火箭探空事业的技术途径和近期目标后，王希季一方面继续处理T-5火箭研制过程中出现的具体技术问题，另一方面逐渐把主要精力转到T-7气象火箭和T-7火箭的模型火箭——T-7M火箭的研制上来。

1959年8月，上海机电设计院在制定T-7火箭气象运载系统的设计任务书之时，决定增加T-7M火箭探空试验系统的设计任务。此举虽说是为响应当时党中央提出的开展增产节约运动的号召而采取的行动，但体现了王希季和设计院领导遵循科学发展规律的良苦用心。他们认为，T-7火箭的研制面临不少对上海机电设计院来讲是全新的技术难题，需要用比T-7火箭更小的模型火箭来对T-7火箭的技术途径进行可行性试验，同时可通过这种模型火箭的设计、试制、试验和发射来训练和培养火箭技术队伍。正如王希季在回顾此事时所说："这一举措是上海机电设计院为突破'发射火箭'这个大关而采取的颇有创意的成功之作，体现了追求高效率、好质量和注重节约的学术作风和工作作风。"

T-7火箭气象系统中的T-7火箭和T-7M火箭探空试验系统中的T-7M火箭均是由液体火箭（主火箭，其装载的推进剂容量可根据需要选择3/4设计容量或额定设计容量）和固体火箭（助推器）经级间连接分离机构（分离器）串联而成的两级无控制火箭，用发射架以接近于与地面垂直的状态从地面发射。火箭升空后，依靠尾翼稳定飞行。在助推器发动机熄火时，主火箭发动机在空中自动点火，随即助推器连同分离器一起与主火箭分离。当主火箭飞行到弹道顶点附近时，箭头与箭体分离。分离后的箭头和箭体，借助各自携带的降落伞系统减速下降，在地面安全着陆。这两种火箭的基本情况如下所述。

T-7火箭的主火箭箭体直径0.45米，箭头内装载气象探测仪器（由中国科学院地球物理研究所负责研制）；发动机采用挤压式推进剂输送系统，推进剂为自燃型的白烟硝酸（氧化剂）和苯胺—糠醇混合液（燃烧剂），常温下的地面稳态推力13.2千牛；在推进剂加注容量达额定设计值（即全容量加注状态）时，起飞质量818千克（包括气象探测仪器质量25千克），单独从海拔0千米的场地以接近于与地面垂直的状态发射时的最大升高30千米（理论值）。助推器（连同分离器）箭体直径0.45米，起飞质量320千克，内装14根管状双基药柱，发动机在常温下的地面平均推力78.5千牛。加助推器后，主火箭（全容量加注状态）的最大升高60千米（理论值）。火箭采用带4根直导轨的、方位角和俯仰角可调节的发射架发射，用于火箭沿发射架作导向运动的滑块（火箭出架后自行脱落）质量总计22千克。即T-7火箭起飞质量的最大值为1160千克，在海拔0千米的场地以接近于与地面垂直的状态发射时的最大升高为60千米（理论值）。

T-7M火箭的主火箭箭体直径0.25米；发动机所用的推进剂及其输送系统的类型同T-7主火箭，常温下的地面稳态推力2.2千牛（为T-7主火箭发动机相应值的1/6）；在全容量加注状态下，起飞质量122千克（约为T-7主火箭相应值的1/6.6），单独从海拔0千米的场地以接近于与地面垂直的状态发射时的最大升高8千米（理论值）。助推器

（连同分离器）箭体直径 0.25 米，起飞质量 65 千克，内装 7 根管状双基药柱，发动机在常温下的地面平均推力 17.5 千牛。加助推器后，主火箭（全容量加注状态）的最大升高 10 千米（理论值）。即 T-7M 火箭起飞质量的最大值为 190 千克，在海拔 0 千米的场地以接近于与地面垂直的状态发射时的最大升高为 10 千米（理论值）。火箭的发射装置起初采用单导轨、俯仰角可调节的发射架，后改用 T-7 火箭发射架。

当年研制现场示例

T-7 火箭和 T-7M 火箭虽然技术较为简单，但也是"麻雀虽小，五脏俱全"，需要解决的技术问题和研制条件的创建问题仍然很多。为了使火箭早日飞上蓝天，杨南生和王希季带领研制人员进行了现今难以想像的艰苦奋斗。

在总结 T-5 火箭的经验、教训时，王希季认识到：研制有控制的火箭必须先解决火箭发动机和制导等基础技术问题。自然，研制无控制火箭就必须"发动机先行"。因此，在 T-7 火箭和 T-7M 火箭可行性方案明确后，王希季工作的重点就放在火箭发动机这个关键项目的研制试验上。

如前所述，T-7 主火箭发动机和 T-7M 主火箭发动机均采用挤压式推进剂输送系统。这两种发动机的启动控制最初采用的是气垫控制方案，设想借助贮箱中的气垫容积（贮箱容积与贮箱内推进剂加注容量之差）使来自高压气瓶内的气体进入贮箱后，贮箱内部的气体压力能缓慢上升，从而达到控制输入燃烧室内的推进剂流量，实现发动机安全启动的目的。这种方案的输送过程为：来自高压气瓶的气体通过输送系统中气体管路上的常开式减压阀减压到额定值后进入贮箱，给贮箱内的推进剂增压；当贮箱内的推进剂压力（即贮箱内的气体压力）达到一定值后，输送系统中液体管路上设置的爆破薄膜受压（前、后的压力差）自行破裂，随即推进剂流入燃烧室内自行点火燃烧。其中，爆破薄膜要求能在预定的压差下均匀破裂，其爆破压差的误差不得大于 2.5×10^4 帕（0.25 大气压）。为此，薄膜上爆破槽处的深度公差应保证在 0.005 毫米之内。显然，用机械加工的方法根本无法达到这种公差要求。钱盛瑜、徐影娣两名 20 岁的女技术员承接这项研制任务后，决定用化学腐蚀方法进行加工试验。因一下子找不到所需的设备，她们就靠手工在涂了保护剂的硬纸板上刻出空心图案，再用带空心图案的硬纸板来腐蚀铝板。在经过数百次试验找到比较理想的保护剂和腐蚀剂后，她们又面临如何在丝绢上刻出高质量的爆破槽图形的难题。在多次试验均遭失败，"山重水复疑无路"时，她们从油印机上得到启发，提出用印刷法把槽图印上去的方案，并自己动手把针头磨制成微型刻刀，先在印刷纸上刻出所需的图案，而后把印刷纸贴到丝绢上，终于获得了成功。随后，她们又在选择薄膜材料、控制腐蚀温度和时间等方面做了大量的试验，方使薄膜的爆破压差精度达到设计要求。这项工作虽只历时一个半月，但先后进行了几十种方案 700 多次试验。后来，当时主管国防科技的聂荣臻副总理到上海机电设计院视察探空火箭研制工作时，详细询问了爆破薄膜的研制过程，对青年人勇于不断进取、顽强攻关的精神给予了赞扬和鼓励。

  气垫控制启动方案，经最初进行的几次主火箭发动机地面热试车和主火箭飞行试验表明：发动机在 3/4 容量加注状态（即加注到贮箱内的推进剂容量只有额定设计值的 3/4）时，成功率较高；在全容量加注状态时，燃烧室均在启动阶段爆炸。为了解决研制工作中的这个障碍，王希季带领研制人员对发动机启动参数进行了认真分析，并在搞清楚全容量加注状态下燃烧室发生爆炸的原因（这种状态，贮箱内的气垫容积小，在增压气体进入贮箱后，箱内压力迅速上升到额定值，但燃烧室内尚未建立起压力，从而造成爆破薄膜破裂后推进剂流入燃烧室过猛，致使燃烧室因起燃压力过大而炸裂）后，集思广益地提出了节流孔板方案和二级启动方案。这两种方案均取消了爆破薄膜。其中，前一方案在推进剂输送系统的液体管路上加节流孔板来控制推进剂的起始流量，后一方案将推进剂输送系统气体管路上的减压阀由常开式改为半开式来控制增压气体起始流量进行二级启动。随后，他们又用这两种方案对主发动机进行地面热试车。试验表明，半开式减压阀二级启动方案的成功率达到百分之百，节流孔板方案的效果不理想。在此基础上，他们又对推进剂输送系统、燃烧剂的组分配比（即燃烧剂中苯胺和糠醇的含量之比）等进行了改进或调整。经采取这些措施后，主火箭发动机的工作可靠性和性能得到提高，推进剂燃烧过程中的爆燃现象不再出现，二级启动方案更加完善。

在研制 T-7 和 T-7M 主火箭发动机期间，亟须在进行热试车之前先对推进剂输送系统进行液流试验。针对没有现成试验条件的情况，王希季走遍了上海机电设计院当时的所在地——上海市虹口区四达路边的上海财经学院旧址的角角落落，最后看中了一个已经停用的卫生间门前面积只有几平方米的露天空地。随后，他又组织研制人员在空地上搭起试验台，把卫生间改造成测试间。十几天后，"液流系统试验室"投入使用。与此同时，江湾发动机简易试车台和南汇火箭简易发射场在杨南生的主持下开始兴建。

江湾发动机试车台位于上海江湾机场。它利用机场内的一座废弃的

利用一座废弃的碉堡改建成的 T-7M 火箭发动机试车台

用草垫搭建的试验场做发动机水试车试验

T-7 火箭液体发动机的加料设备

当年存放设备和材料的简易库房

碉堡，在碉堡的夹道中间砌上水泥台安装发动机，在碉堡的内部安装性能测试仪器和试验控制设备。这座试车台从 1959 年 12 月开始使用到 1961 年 2 月撤销，共进行了 T-7M 主火箭发动机近 30 次热试车和 T-7 主火箭发动机 14 次热试车。

就这样，经过顽强奋斗，仅用了不到 5 个月的时间，研制人员就加工制造出第一枚 T-7M 火箭（编号为 001 的主火箭）的全部零件、部件，完成了总装任务，并运送到南汇火箭发射场。

南汇火箭发射场坐落在当年南汇县老港人民公社西湖生产队的杨家浜，距东海约 3 千米。该发射场从开始勘察到投入使用仅花了不到 3 个月的时间，场内有一座高度 20 米的燕尾槽形单轨发射架以及简易发电站、简陋的发射控制间等设施。在这座发射场上，共进行了 T-7M 主火箭 12 次发射，时间跨度为 1960 年 1—10 月。

于 1960 年 1 月 25 日进行首次发射的 T-7M001 号火箭是一枚 3/4 容量加注状态、采用气垫控制发动机启动的主火箭（理论最大升高为 5 千米）。不幸的是，在发动机启动阶段，燃烧室发生爆炸，火箭未能升空。经更换推力室后，于 1960 年 2 月 11 日又用这枚火箭再次进行发射。很可惜，由于加注推进剂的阀门失灵，这次发射不得不中断。

1960 年 2 月 19 日，这枚火箭又进行了第三次发射。

是日下午，在南汇火箭发射场，T-7M001号火箭已竖立在发射架上。当时，发射场生活条件和作业条件十分艰苦，参试人员绝大多数没有工作服，吃的是粗茶淡饭，住的是茅草屋，睡的是地铺，工作在海滨的田头溪旁，但大家干劲很足，热情很高。更为艰难的是，发射场的设备非常差。与发射架隔着一条蜿蜒小溪的空地上，设置了一个用苇席围起来的"发电站"，里面轰响着一台借来的发电机。发射控制间是一个用装满土的麻袋堆积而成的掩体。由于没有步话机，甚至连电话、广播喇叭这些最简单的通信联络工具都没有，发射现场指挥员只得一边扯着嗓子高声喊一边借助手势来指挥、协调发射场各岗位的工作。由于专用的推进剂加注设备和向气瓶内充高压气

南汇火箭发射场的发射控制间

王希季负责研制成功的中国第一枚单级液体火箭——T-7M001号火箭在发射前加注推进剂

体的充气自动脱落机构还没有研制出来，参试人员只得用自行车的打气筒一下一下地把推进剂压进贮箱，还需要在高压气瓶充气操作结束后有一个人迅速跑到处于待发射状态的火箭旁边去拆卸充气阀，这是火箭发射前的最后一项作业。当年承担拆卸充气阀任务的郭德炳（时为上海机电设计院发动机室技术员）回忆说，那项工作确实很危险，但能为火箭上天出力，再危险也值得去干。

在发射准备工作完成后，发射现场指挥员朱为公（原名朱守己，时为上海机电设计院工程师）于16时47分下达了发动机点火口令。随

即，发射架旁涌起滚滚白烟，火箭沿导轨飞出发射架，向蓝天奔去。发射试验首次获得成功！在试验现场的杨南生、王希季和全体参试人员一起热情地欢呼起来。他们中不少人回味半年来艰苦奋斗的历程，眺望着拔地而起、在空中飞翔的火箭，不禁涌出激动的泪水。当时按照发射指挥员下达的发射口令按下火箭发射按钮的蒋佩芳（时为上海机电设计院从事控制电路研制的技术员）在一篇回忆文章中写道："我记得T–7M火箭首次发射的前一天晚上，天气寒冷，飘着小雪，王希季总工程师仍然在室外借助汽油灯光全神贯注地检查待发射的火箭。我清楚地记得当时他因天寒已经有了感冒的症状，但他顾不上休息，依然专心检查。他的奉献敬业精神激励着全体参试人员，并在后来一直影响着自己。"

T–7M001号火箭是王希季主持研制成功的第一枚火箭。该火箭以其是中国自行研制发射成功的第一枚单级液体火箭而名垂青史。《当代中国的航天事业》一书将这枚火箭称为"中国自行设计制造的""第一枚试验型液体推进剂探空火箭"，认为它的发射成功"是中国探空火箭技术取得的第一个具有工程实践意义的成果"。《航天企业文化读本》一书中对"1960年2月上海机电设计院自力更生，自行研制出了我国第一枚液体探空火箭并发射成功"的评价是，"为以后我国人造卫星的研制发射和空间科学技术的发展奠定了初步基础。"

T–7M001号火箭及随后的T–7M002号火箭发射均获得成功后，王希季组织研制人员对这两枚火箭飞行中出现的箭头和箭体未分离，致使回收系统未得到考验的问题进行了认真分析。他们认为原先想借助箭头自重来实现箭头和箭体分离的方案，在原理上不适用于做惯性飞行的火箭被动段（即发动机熄火后的飞行段）。为此，他们改用爆炸螺栓做分离元件，由爆炸螺栓提供动力对头体进行强迫分离。研制人员还自行研制了第一批用于T–7M火箭的这种火工装置，其点火器件是把手电筒的电珠玻璃轻轻敲碎后在灯丝处加上少量硝化绵制成的。采用这种强迫分离方案的T–7M003号火箭和004号火箭相继于1960年4月17日、4月29日进行的飞行试验中，均成功回收到火箭的箭头。

当年从事火箭气动构形设计和特性计算的李大耀，原本不需要到发射场，但因王希季等上海机电设计院领导总是尽可能地安排从事理论工作的人员轮流去经历火箭发射的场面，以便从实战中增长见识，故有幸目睹了T-7M004号火箭的发射，并在时隔逾50年之时仍可较清晰地回忆起当时耳闻目睹的场景："那次发射适逢中国科学院张劲夫副院长和钱学森所长去参观。是日下午3时半左右，我和钟兆迪（当时我们两人均为上海机电设计院火箭总体设计室技术员）正在发射指挥所门前值班。这时，我们突然看到钱学森所长向我们走来。钱所长走到我们面前，高兴地与我们一一握手致意。他平易近人的作风和对年轻人充满热情的态度，使我们难以忘却。下午4时20分，发射现

南汇火箭发射场的发射指挥所

钱学森在南汇火箭发射场的发射指挥所前休息

场指挥员潘先觉（时为上海机电设计院火箭发动机设计室工程组长）下达了发射口令。站在离发射架二三百米处的我们，目送火箭向大海方向奔去，40秒钟后又隐约见到降落伞在空中飘动。5时左右，杨南生、王希季等参试人员聚集在发射架旁，与莅临现场的张劲夫、钱学森等领导同志一起合影留念，共同庆祝T-7M火箭发射再次告捷，相互勉励，一定要再接再厉把中国的火箭探空事业搞上去，把中国的航天事业搞上去。"

T-7M火箭探空试验系统取得的进展，受到上级领导和中央领导同志的重视和关注。1960年5月28日，毛泽东主席莅临上海市新技术展览会尖端技术展览室。在那里，毛主席视察了T-7M主火箭产品。视察

钱学森在试验现场看试验人员正在做发射前的准备工作

T-7M004号火箭发射成功后,张劲夫(前排左六)、钱学森(前排左五)与参试人员在发射架前合影留念

时,毛主席对T-7M主火箭研制发射成功给予高度赞赏,认为该火箭能飞8公里,那也了不起,并鼓励大家应该8公里、20公里、200公里地搞上去。

T-7M火箭探空试验系统是中国为发展人造卫星事业进行的一个率先取得成果的预先研究项目。视察T-7M火箭是毛泽东主席对包括预研产品在内的中国航天系统实物产品所进行的独一无二的视察,是中国航天事业发展史上的一项重大事件。

王希季及其同事们认为,毛主席视察T-7M火箭既是对我们的巨大鼓励,更是对我们的有力鞭策。大家深切体会到毛主席在视察时所做的指示(含讲话),体现了他对新生事物的高度重视和支持,反映了他殷切期望中国的航天战线能自力更生、自主创新、循序渐进加跨越式地把中国的火箭探空事业搞上去,进而把中国的航天事业搞上去。我们应加倍努力奋斗,尽早使毛主席的企盼成为现实。如今,王希季及其当年的同事们可以欣慰地讲,我们早已做到了这一点。

由于王希季负责研制成功T-7M火箭与美国戈达德负责研制成功

世界上第一枚液体火箭有一定的可比性，有人曾对他说："传闻你早年在美国就立志要做中国的戈达德。"对此，王希季坦言相告："哪有这回事。早年我在美国学的是动力和燃料专业，何曾知道戈达德。戈达德的事，我是在1958年以后才了解到的。在中国的航天事业中，我不过做了我应该做、又努力能够做的事情罢了。"

T-7M火箭探空试验系统从1960年1月首次使用至1963年12月完成最后一次飞行试验任务，共发射了几种不同状态（包括3/4容量加注状态的主火箭、全容量加注状态的主火箭、全容量加注状态的主火箭与助推器组合成的两级火箭）的13枚火箭，实测最大升高为11.2千米。

为纪念T-7M火箭（后来被称为试验探空火箭）探空试验系统对中国火箭探空和航天事业发展做出的历史性贡献，在上海市科学技术协会、上海航天技术研究院的倡议下，南汇县人民政府于1997年10月批准在南汇火箭发射场原址建立"中国第一枚试验探空火箭发射成功纪念碑"。该纪念碑于1998年2月19日隆重落成，碑文上写道："第一枚T-7M火箭由上海机电设计院杨南生副院长、王希季总工程师等百名科技人员自行设计……"在纪念碑落成典礼上，王希季深情地回顾了T-7M火箭探空试验系统的研制过程，恳切地表示成绩归功于上级领导的热情关怀，归功于全体研制者的奉献精神，归功于上海市的大力支持和上海市有关单位的大力协作，归功于南汇县的鼎力相助。2009年5月南汇县并入上海市浦东新区后，浦东新区人民政府于2010年10月12日公布，浦东新区文化管理委员会同日在火箭发射纪念碑旁建立文物保护碑，碑文写道"中国第一枚自行研制设计制造的试验探空火箭T7M火箭发射场遗址"。由此该遗址成为浦东新区文物保护单位。

王希季的昔日同学、同事和领导——杨南生的名字镌刻在"中国第一枚试验探空火箭发射成功纪念碑"的碑文上，同样亦刻印在王希季的心中。2013年3月5日，杨南生辞世。

得知杨南生去世的消息，王希季想到他们一起走过的风风雨雨，有些哽咽地说"当年我是在杨院长领导下工作的。"表达了他对杨南生深深的怀念。2013年9月，在杨南生退休前的所在单位——中国航天动

在中国第一枚试验探空火箭发射成功纪念碑前，王希季与当年同事的合影

王希季与杨南生在北京空间机电研究所建所30周年纪念会上交谈

力技术研究院派人来北京收集杨南生事迹时，王希季动情地追忆了杨南生的生平和业绩。王希季说：1958年11月我走进上海机电设计院时，杨南生一语"欢迎你，王希季同志"让我倍感亲切。在杨院长的领导下，我们夜以继日地干，失败了从头再来。到1964年杨院长调离上海机电设计院时，中国的液体型探空火箭已经形成系列。杨南生是钱学森的得力助手之一，是中国固体火箭发动机的领军人物，他在固体力学、固体发动机、探空火箭方面有着很深的造诣。在中国航天举步维艰的起步阶段中，杨南生带出的上海机电设计院这支研制队伍，不仅研制出了中国第一代气象火箭，还提出了中国第一枚卫星运载火箭的方案。他培养的学生林华宝、范本尧先后当选为中国工程院院士。王希季认为，为中国航天事业做出了巨大贡献的杨南生一生淡泊名利、乐观豁达，深受同事们的敬爱。

二、火箭气象探测水平渐渐高之一——向中层大气进军，创中国火箭首次登上太空佳绩

用火箭探测中层大气（海拔30~80千米）的温度、压力、密度和风速、风向等气象要素（即火箭气象探测，简称火箭气象）是王希季致

力开拓的中国第一个火箭探空领域。他负责研制成功了中国第一代火箭气象运载系统、第二代火箭气象系统以及第三代火箭气象运载系统中的第一种型号。

T-7 火箭气象系统是中国第一代火箭气象系统的第一种型号。该系统的运载系统由上海机电设计院负责研制，探测系统由中国科学院地球物理研究所负责研制。

研制 T-7 火箭气象运载系统，不仅要突破火箭技术方面的难题，还要解决发射场的问题。因为 T-7 火箭飞行弹道顶点高达海拔 60 千米，南汇发射场显然已不适用。为了寻找适合发射 T-7 火箭之地，艾丁和王希季带领考察组人员赴华东各省进行调研后，最后选中了安徽省南部的一块丘陵地作为华东火箭探空基地。该基地于 1960 年 3 月开始动工兴建，故又称为 603 基地。

华东火箭探空基地位于安徽省广德县誓节渡镇（相传南宋时期岳家军在此誓师北上收复失土，故得名）以南 4~5 千米的茆林村（现有"中国航天第一村"之称）。开发前，场内野草、灌木丛生，没有房舍，不通道路。正值 3 年自然灾害，大家都吃不饱，建设试验场，不仅是技术工作，还是体力活。建设者们背着器材，在山坡间来回奔波，更加消耗体力，饥饿也成为一种考验。一次杨南生院长买到了一些辣椒，他用盐腌好了给大家吃，算是给大家带来了一餐美味。山里有蝗虫，大家捉来穿成串，烤熟了吃，香喷喷的。建设者们在杨南生的领导和杨毅芳（时任上海机电设计院火箭结构设计室主任）、朱为公（时为上海机电设计院火箭发射技术负责人）的组织带领下，克服了没有交通工具靠徒步行走和忍饥挨饿、风餐雨淋等困难，仅用了 3 个月的时间，就开通了进场公路，在场内建造好必需的设施和安装好必要的设备，使基地初步具备了发射火箭的能力。

华东火箭探空基地发射场坪中心位置的海拔 66.01 米、地理经度为东经 119° 12′ 14″、地理纬度为北纬 30° 54′ 04″，方圆几十里内人烟稀少。场内拥有一座高度 52 米、方位角和俯仰角均可调节的直导轨桁架式发射架（竖立状态总高度 54 米，是当时亚洲最高的火箭发射装置），以及发射控制室、气象观察室、液体发动机测试间、液体推进剂加注间、固体发动机装药间等设施。在执行发射任务时还调配跟踪和测量雷达。这座基本上算正规的火箭发射基地从 1960 年 7 月开始使用至 1966 年 7 月执行最后一批次飞行试验任务，累计共发射 7 枚 T-7M 火箭、9 枚 T-7 气象火箭和 11 枚 T-7A 气象火箭（T-7 火箭的改进型）以及用 T-7A 火箭改制的 1 枚电离层探测火箭和 5 枚生物试验火箭。此后，该基地于 1966 年 8 月移交给上海市航天局（上海航天技术研究院），并于 2003 年成为安徽省省级文物保护单位。

1960 年 7 月 1 日，华东火箭探空基地迎来了它的第一次飞行试验任务。

根据王希季主持制定的 T-7M 火箭和 T-7 火箭研制分两步走——首先把主火箭搞成功，然后再增加助推器来提高火箭的飞行高度——的计划，如同 T-7M 火箭探空试验系统一样，用来进行 T-7 火箭气象运载系统第一批次飞行试验的是 T-7 主火箭。

1960 年 7 月 1 日，一枚全容量加注状态、采用气垫控制启动、编号为 002 的 T-7 主火箭在其进行的第一次发射时，因燃烧室于点火阶段爆炸，火箭未能升空。经更换燃烧室和改用 3/4 容量加注状态的这枚 T-7002 号火箭，于同年 9 月 13 日取得了 T-7 火箭气象运载系统飞行试验的首次成功。试验中，火箭最大升高的实测值（19.2 千米）接近于这种状态火箭最大升高的理论值（20 千米）。T-7 火箭气象运载系统飞行试验首获成功，表明中国的火箭探空已由初期研究、试验阶段转向实际应用阶段。

在中国火箭探空事业的开创阶段，刚刚涉及火箭技术领域的王希季是在"摸着石头过河"。他曾在一篇回忆文章中歉疚地写道："当年，虽然尽可能做到对型号研制有通盘考虑，但也有一些可以做好的事情没有做好，作为技术领导在水平和素质上均有欠缺。例如 T-7M 主火箭和 T-7 主火箭的第一次发射都没有获得成功。又如，1960 年 12 月 28 日进行的 T-7 主火箭发射时火箭飞行不正常。"

在 1960 年 12 月 28 日进行 T-7 主火箭第三次发射时，适逢中国科

T-7 火箭的主火箭箭体在吊装上架（发射架）

中国第一种气象火箭——T-7 火箭从华东火箭探空基地发射升空

学院裴丽生副院长和钱学森所长到场参观。发射当天，在按程序进行发射准备时，天气情况和预报相差不大，故工作照常进行。但在完成液体推进剂加注和发射架调整（指按发射准备时实测到的地面和空中的风速、风向将发射架指向的方位角和俯仰角调整到合适值，目的在于补偿风对火箭飞行弹道的影响）作业之际，天气突变，一时风雨大作。发射现场指挥员征得王希季同意后，下达了暂停发射的口令，以待风速变小后再进行发射。在等待过程中，大家几次觉得地面风速已变小，但经测量实际风速还是高于允许发射的阈值（每秒 6 米）。看到裴丽生副院长和钱学森先生在风雨中长时间地等待，王希季心中十分不安。因此，当听到地面风速已减小到每秒 4 米时，王希季同意下达继续进行临射前各项工作的指令。但是，天公不作美！就在发射准备工作进行到快要下达发动机点火口令时，地面风速变大。这时，如果当机立断，还来得及中止发射，但王希季基于上述心态，抱着闯一下的想法没有这样做。结果，火箭虽然升空了，但没有一直向上飞，而是在几千米高度时就转向朝地面飞行。事后经分析认为，这是空中强大的风切变（风在高度方向上的分布发生突然改变）使速度和加速度都不大的火箭失去飞行稳定造成的。王希季对这次试验因决策不当而失败深感内疚，经常引以为训。

T-7火箭于1961年年底已经达到所要求的性能指标,但发射现场的检测较为繁多。为了简化发射的准备工作和提高火箭的使用性能,王希季又带领研制人员对主火箭发动机的检测方法进行重大改进。按原规定,T-7火箭进行发射之前,主火箭发动机均要在探空基地再次进行水压试车(冷试车)。这种利用水代替推进剂做工质对主火箭发动机进行全面检测的方法,具有能检验和调整发动机各部件功能、协调各部件相互关系以及可测定贮箱内部压力、推进剂流量、推进剂两组元进入燃烧室的时间差等参数的优点。但工作量大,耗时长。在出厂之前都要通过这项检测的发动机,到发射现场有无必要再做一次这种检测,能不能采用一种简便又有效的方法来检验待发射使用的主火箭发动机,成为王希季和研制人员当时的议题。他们根据产品经公路长途运输和在一般库房条件下贮存一年后性能仍正常的结果,探讨了不经水压试车来检查主火箭发动机的方法。经过一系列的研究试验后,形成了一种称为"气体稳压试验"的验证方法。这种方法只需用高压气体对推进剂输送系统中的气体管路部分进行检测,重点考察减压阀的稳压特性和各部件的气密性能,就可以推算出发动机的工作参数。经T-7火箭气象运载系统于1963年8月进行的最后一批次飞行试验表明,"气体稳压试验"法效果良好,主火箭发动机在发射现场的检测时间从原来的5~6天缩短到3天。

T-7火箭气象运载系统用几种不同状态(包括3/4容量加注状态的主火箭、全容量加注状态的主火箭、全容量加注状态的主火箭与助推器组合而成的两级火箭)共9枚火箭进行了11次发射(其中2次发射因故障中止),实测火箭最大升高为65千米。其中,最后一批次飞行试验发射的3枚火箭成功地进行了中国首批次火箭测风试验,考验了中国科学院地球物理研究所负责研制的锌丝云——雷达测风技术,测量到海拔36~60千米高度层内的风场(风速和风向)数据。

在T-7M火箭探空试验系统和T-7火箭气象运载系统的研制过程中,聂荣臻副总理、中央军委徐向前副主席等中央领导同志以及中国科学院郭沫若院长、钱学森所长曾到上海机电设计院进行视察。在这些视察时王希季等上海机电设计院领导分别进行了陪同。

在研制 T-7 火箭气象运载系统的基础上，为了满足国防新技术发展对火箭气象探测提出的最大升高 80~100 千米等新要求，王希季于 1962 年 3 月起，组织上海机电设计院的研制人员对 T-7 火箭气象运载系统做了多项重大技术改进。主要的改进有：① 采用铝蜂窝夹层尾翼、薄壁贮箱、三杆式推力架等新结构，来减轻主火箭的结构质量；② 将助推器发动机更换成推力和总冲（推力在发动机整个工作时间内产生的冲量，表征发动机做功能力的大小）更大的发动机，来提高主火箭发动机点火时刻的飞行高度和飞行速度；③ 将主火箭发动机的喷管更改成高空性能更好的高空喷管，并改进燃烧室头部、喷嘴的设计和调整推进剂混合比（氧化剂流量与燃烧剂流量的比值），使主火箭发动机的比冲（单位质量推进剂产生的冲量，其数值等于发动机的喷气速度，用于衡量推进剂所含化学能的大小和其化学能转换成燃气动能效率的高低）有所提高；④ 将主火箭贮箱加长（与此相应，推进剂贮量增多），使主火箭发动机的工作时间增长，总冲增加；⑤ 对主火箭发动机的输送系统做了进一步改进，使发动机启动更加安全可靠；⑥ 火箭的发射使用螺旋导轨发射架来替代原来的直导轨发射架，使火箭在飞离发射架时具有一定的自转速度，以减少发动机推力偏斜引起的火箭飞行弹道散布（这种新型发射装置因研制较迟未在华东火箭探空基地安装，后设置于酒泉卫星发射中心探空火箭发射场，并于 1966—1969 年用来发射了几种用 T-7A 火箭改制的研究型火箭）。经过这些改进后，T-7 火箭气象运载系统面目一新，性能有了明显提高。这种新状态的系统后来被称为"探空 7 号甲"（代号 T-7A）火箭气象运载系统，将其与性能有所改进和提高的探测系统（中国科学院地球物理研究所负责研制）相结合就组成了中国第一代火箭气象系统的第二种型号。

T-7A 火箭气象运载系统是达到当时国际水平的一种液体型火箭气象运载系统，也是 20 世纪甚至迄今为止中国研制成功的各种火箭气象运载系统中运载能力（以火箭运载的箭头质量和达到的最大升高表示）最大的一种。该系统中的 T-7A 火箭的基本情况如下所述。

主火箭箭体直径以及发动机所用的推进剂和输送系统的类型与T-7主火箭相同；发动机在常温下的地面稳态推力14.3千牛（比T-7主火箭发动机相应值大8%），在推进剂全容量加注状态时的起飞质量815千克（其中包括40千克气象探测仪器在内的箭头质量90千克）；助推器（连同分离器）箭体直径0.46米，内装7根管状双基药柱，发动机在常温下的地面平均推力98.6千牛（比T-7助推器发动机相应值大25%），起飞质量423千克。另外，用于火箭在发射架上做导向运动的4组滑块质量总计22千克。即T-7A火箭起飞质量的最大值为1260千克（比T-7火箭相应值多100千克），在海拔0千米的场地以接近于与地面垂直的状态发射时的最大升高为115千米（理论值）。

T-7A火箭气象运载系统于1963年12月在华东火箭探空基地进行的首批次共2枚火箭的飞行试验，均取得发射成功，实测火箭的最大升高均达到125千米（这个高度已超过航空航天界普遍认同的太空下限高度——海拔100千米左右）。这一事实不仅表明T-7A火箭气象运载系统的运载能力超过了设计指标要求，而且表明这次发射的2枚T-7A火箭成为中国首次登上太空的火箭（不含导弹）。但在这批次飞行试验中，也出现了因弹道顶点高度超过100千米导致火箭在回落到一定高度时才进行头体分离的箭头和箭体的下降速度过大，从而使降落伞被气动加热烧熔的问题。

为了实现T-7A火箭设计中采用的新技术、新方案和解决首批次飞行试验中出现的新问题，王希季带领研制人员进行了顽强的攻关。例如，为考验主火箭发动机的各项改进措施，特别是保证它能在一定的非设计工况下可靠工作（这样做，便于根据使用要求通过改变推进剂加注量来调节火箭的最大升高），他们不仅从理论上进行了认真分析，还做了包括76次热试车在内的各种试验。又如，为试制出铝蜂窝夹层尾翼，他们土法上马，先用简易滚形筒将一条条切割下来的铝箔滚压成半六角形的蜂窝条，再用数百个发夹将涂刷了胶黏剂的蜂窝条叠合在一起放进烘箱内固化成型，然后在成型后的蜂窝芯中灌注可在常温下固化的樟脑液，待樟脑液将蜂窝芯固定后再用铣削加工出厚度符合要求的蜂窝芯，就这样研制出中国火箭上首次使用的复合材料夹层结构。再如，为了确保降落伞系统工作正常，他们一方面根据探测要求适当降低火箭的最大升高；一方面将回收方案从原先在火箭回落到一定高度时才进行头体分离，而后再依次打开箭头和箭体降落伞系统中的各有关降落伞，改成在弹道顶点附近就进行头体分离，待箭头和箭体分别回落到不同高度时再强制弹出箭头的主降落伞和箭体的减速伞以及在箭体乘减速伞回落到低空时再打开箭体的主降落伞。这样，不仅满足了探测系统对探测高度区间内箭头下降速度的要求，而且避免了降落伞被烧熔的问题。经T-7A火箭气象运载系统以后进行的飞行试验表明，这种单纯靠降落伞系统实现减速的方案能适用于最大升高不大于80千米的火箭回收。

通过T-7和T-7A火箭气象运载系统的研制实践，王希季及其同事们已基本掌握了无控制火箭探空运载系统的研制方法，为他们创建中国火箭探空技术这门学科和推动中国火箭运载技术和探空事业的进一步发展奠定了基础。以火箭飞行上升段的弹道计算为例，已从T-7M火箭和T-7火箭采用两段（起飞段和零攻角飞行段）法分别计算相互垂直的两个平面（发射平面和与其相垂直的侧向平面）的二维弹道再合成得到空间三维弹道的近似方法，演变到T-7A火箭利用电子计算机求解6个自由度的运动方程直接得到空间三维弹道以及采用无伞定区域回收的风补偿方法来保证箭体（在不回收时）能坠落到事先确定的地域，从而有效地提高了弹道计算的精度和发射作业的安全性。

T-7A火箭气象运载系统从1963年12月首次使用到1965年11月执行最后一批次飞行试验任务，共发射了几种不同状态的11枚火箭。其中，于1965年10—11月发射的3枚T-7A火箭，用箭载气象仪器探测到海拔0~70千米高度层内的大气温度和大气压力，还用锌丝、铜丝—雷达测风技术获得了海拔6~57千米高度层的一些风场数据。

1964年8月杨南生奉调任第七机械工业部第四研究院技术副院长后，王希季在中国火箭探空领域的责任更重了，从负责探空火箭的研制变成负责火箭探空系统或火箭探空系统中的运载系统的研制。

三、火箭气象探测水平渐渐高之二——实现火箭固体化，为中国核试验提供气象资料

中国第一代火箭气象运载系统采用液体主火箭。这一代系统虽然运载能力较大，但发射操作较为复杂，不便于经常性使用。为此，王希季在负责研制这代气象火箭的同时，就密切关注国内固体火箭发动机的进展情况，提出使中国气象火箭实现固体化的研究课题，并根据国防工业办公室（简称国防工办）和国防科学技术委员会（以下简称国防科委）提出的研制轻型气象火箭和机动发射设备等要求，于1965年4月起领导进行中国第二代火箭气象系统——"和平2号"火箭气象系统的研制。

"和平2号"火箭气象系统由上海机电设计院及其后身七机部八院担任总设计师单位，负责系统的技术抓总和技术协调、系统的总体设计和运载系统的研制；由中国科学院应用地球物理研究所（原为地球物理研究所的一部分）担任副总设计师单位，负责探测系统的技术抓总、技术协调和探测仪器设备的研制。

上海机电设计院的宋忠保（时任火箭总体设计室副主任、技术负责人）组织王明秋、朱汉章（俩人时为火箭总体设计室技术员）等研制人员，通过广泛调研和多方案比较，提出了一种比较先进又切实可行的"和平2号"火箭气象系统方案。该系统所用的"和平2号"火箭为由两台直径不同的固体发动机与探测箭头、级间连接分离装置等组成的两级火箭，用车载式发射装置以接近于与地面垂直的状态从地面发射。整个火箭（即第一级火箭）的起飞质量331千克，其中第二级火箭（相当于T–7型火箭中的主火箭）的起飞质量132千克（包括10千克气象探测仪器在内的箭头质量40千克）；火箭第一子级（相当于T–7型火箭中的助推器）箭体直径255毫米、发动机在常温下的地面平均推力45.1千牛；第二子级（相当于T–7型火箭中主火箭）箭体直径205毫米、发动机在常温下的地面平均推力21.9千牛；各子级发动机的装药均为单

王希季任技术总负责人主持研制成功的"和平2号"火箭及其发射装置

根内、外孔燃烧型的双基药柱。"和平2号"火箭在海拔1千米的场地以接近于与地面垂直的状态发射时的最大升高71千米（理论值）。

"和平2号"火箭气象系统采用在火箭下降段进行探测的方案。首先，在第二级火箭飞行到弹道顶点附近时，将装载探测仪器的箭头与火箭箭体分离，并将用于回收箭头的降落伞系统在空中张开。箭体自由坠落，不回收。而后，在箭头乘降落伞向地面回落的过程中，通过遥测系统将暴露于大气中的传感器感测到的大气温度和大气压力传送到地面，并根据地面雷达跟踪测量到的箭头一边乘降落伞下降一边随风飘移的回落轨迹推算出高空风向和风速。

在"和平2号"火箭的研制过程中，王希季带领研制人员解决了诸如总体优化设计、细长体结构的气动弹性效应、级间连接分离器的设计、发动机对环境温度的适应性等方面的问题。

在火箭总体优化设计方面，他们遇到的第一个问题是如何确定各级火箭的质量使火箭达到规定运载能力的起飞质量最小。考虑到在多种制约条件下这个最优化问题的解决方法仍在研究之中，工程上只能根据一定的合理分析和具体情况提出较好的解决方案。研制人员从影响火箭飞行高度的主要因素是火箭的理想速度（指火箭于真空、无引力场中在发动机推动下所能达到的最大速度），决定先按照在理想速度达到规定值的条件下火箭起飞质量最小的原则，来确定各子级火箭装药相对质量（各子级发动机装药质量与相应各级火箭起飞质量的比值）之间的匹配关系，然后再结合火箭的具体情况，确定出各级火箭的实际质量应达到多少值。这样做，虽然不能使各级火箭的质量达到理论上的最优值，但仍算较为合理，从而可使整个火箭的起飞质量较小。

在火箭总体优化设计方面，他们遇到的第二个问题是在火箭方案已确定的条件下如何提高火箭实际飞行的最大升高。于1967年1月进行的"和平2号"火箭气象运载系统第二批次飞行试验虽然获得成功，但火箭最大升高的实测值比理论值低十几千米。针对这一问题，研制人员除了根据风洞试验的结果对火箭的气动阻力计算方法做了必要的修正，以便为火箭弹道计算提供更加合理的气动参数；还把火箭箭体上的局部突出物和尾翼后缘进行削尖，以减小火箭飞行时所受到的气动阻力；并将火箭的发射方案由比较简单的定俯仰角、定方位角发射改成全弹道风补偿发射，即按照临发射前的实测空中风场确定出使能火箭在主动段结束时刻达到预期速度方向所需的发射指向（俯仰角和方位角），用这样确定的角度对发射架的指向进行调整，以补偿风对火箭飞行弹道的影响。经采取上述措施后，火箭的最大升高达到了预期值。

在细长体结构的气动弹性效应方面，他们遇到如何保证火箭飞行过程中箭头不致折断的问题。对此问题，尽管王希季早在"和平2号"火箭方案研讨会上，就针对"和平2号"火箭的长细比（火箭长度与箭体直径的比值）大、在低空飞行的速度较高，提出应使火箭结构有足够的强度和刚度。但研制人员由于缺乏经验，开始并未意识到气动弹性效应会对这种细长形火箭产生较大的影响，在结构设计时只校核了箭头的强度性能，而未对箭头的刚度进行计算。从而导致1966年8—9月进行的"和平2号"火箭气象运载系统第一批次飞行试验时3枚火箭的箭头均在空中折断。飞行试验的教训，使他们认识到气动力可使细长结构的弹性体产生较大弯曲，由此会引起火箭头部攻角（飞行速度方向与火箭纵轴方向之间的夹角）增大和火箭所受到的气动力的合力中心（通常称为压力中心）前移，从而导致火箭飞行丧失稳定，飞行攻角发散，箭头结构因受载过大而被破坏。根据这种分析和计算的结果，他们对"和平2号"火箭的箭头结构从强度和刚度两方面进行了加强，使"和平2号"

火箭的发散速度（即会导致火箭飞行丧失稳定、飞行攻角发散的速度）远大于火箭飞行的最大速度。"和平2号"火箭气象运载系统第二批次飞行试验表明，上述理论分析原理正确，上述改进措施行之有效。

在级间连接分离器的设计方面，他们遇到如何使该器件既连接可靠、分离迅速又结构简单、质量较轻的问题。"和平2号"火箭箭体直径小，对起飞质量又有限制，其级间连接分离器不能采用T-7型火箭那种质量较大、机构复杂的燃烧带—压板式结构（该方案利用主发动机燃气将连接器件—压板的锁紧元件—燃烧带烧断，从而解除级间连接约束）。为此，研制人员巧妙地提出了车轮夹盘式级间连接分离器方案。这种分离器用车轮周边上的螺纹将第二级火箭和第一子级火箭连接成一体，当第二子级火箭发动机在空中点火时，夹盘被发动机喷出的燃气冲碎，从而解除连接约束，使第一子级火箭与第二级火箭分离。地面试验和飞行试验表明，这种级间连接分离方法可靠，分离过程迅速。

在发动机对环境温度的适应性方面，他们遇到的问题是能不能用一种喷管满足不同环境温度下的使用要求。"和平2号"火箭要求能在高温、低温和常温环境中正常使用，但其装药（双基推进剂）的燃烧速度对温度较为敏感（由此，环境温度对燃烧室内燃气压力的影响较大）。针对这一特点，为了保证发动机在低温下工作时燃烧室内的燃气压力不低于装药能稳定燃烧的最低压力和在高温下使用时燃烧室内的燃气压力不高于燃烧室壳体所能承受的最大压力，最初为发动机配备了分别在高温、低温和常温下使用的3种喷管，供使用时根据环境温度选用。这种方法虽然可行，但使用不方便，经济性不好，特别是在发射现场更换喷管会给全箭总装带来困难。为此，研制人员通过理论分析和热试车验证，表明常温喷管对环境温度具有较大的适应性，可以在一定范围的环境温度下正常使用。

"和平2号"火箭气象系统在经过1966年8月至1968年5月于酒泉卫星发射中心探空火箭发射场（海拔1千米）进行的2批次运载系统和2批次全系统共12枚火箭的飞行试验，验证了系统性能基本符合研制任务书提出的技术指标和火箭最大升高能达到74千米后，于1968年

11月经总参谋部、国防工办和国防科委联合批准基本设计定型，移交工厂批生产50枚火箭（火箭本体由第七机械工业部上海新江机器厂生产，探测仪器由第四机械工业部上海无线电23厂生产），供在西北地区建站使用。此后，该系统于1970年1月至1973年12月在位于西北核试验基地的火箭气象站，分5批进行了48次探测，取得了该地区上空大气温度、大气压力和风速、风向等数据，为中国当时进行的核试验气象保障工作提供了资料。

四、火箭气象探测水平渐渐高之三——攻克小型化难题，进行发动机装药工艺创新

中国的第二代火箭气象系统——"和平2号"火箭气象系统的使用性能虽比第一代火箭气象系统——T-7和T-7A火箭气象系统好，且进行了小批量探测，但与国外在20世纪60年代初期已实现的火箭气象系统小型化有相当大的差距。同时，"和平2号"火箭气象系统还存在发射准备和探测数据处理的时间较长、探测资料仅高空风场数据具有较大使用价值等不足。为了尽快使中国的火箭气象系统跨上新台阶，达到新水平，王希季带领七机部八院的研制人员探讨了中国火箭气象系统实现小型化的途径和可行性，并于1970年7月起负责进行"和平6号"小型火箭气象运载系统的研制工作。

"和平6号"火箭气象系统是中国第三代火箭气象系统中的第一个型号，其运载系统由七机部八院及其后身北京空间机电研究所负责研制，探测系统由中国科学院空间物理研究所（原中国科学院应用地球物理研究所，后合

王希季任技术总负责人主持研制成功的"和平6号"火箭及其发射装置

并于中国科学院空间科学和应用研究中心）负责研制。

"和平6号"火箭气象系统所使用的火箭为"和平6号"单级固体火箭。该火箭按探测项目的不同，分综合型火箭和落球型火箭两种。其中，综合型火箭用来运载将在乘降落伞下降过程中感测大气温度、大气压力和风向、风速的探空仪；落球型火箭用来运载将在高空自动充气膨胀后回落，以感测大气密度和风向、风速的探测球。这两种火箭采用同一种复合推进剂端面燃烧型固体发动机，但配置不同的箭头。火箭的起飞质量分别为60.8千克（综合型）、58.1千克（落球型），其中箭头质量分别为9.1千克（综合型，内含2.8千克探测仪器）、5.8千克（落球型，内含2千克探测设备）；箭体直径161.5毫米；发动机内装填1根质量34.6千克的高燃速聚硫橡胶类复合药柱，常温下的地面平均推力2.10千牛；在海拔1千米的场地以接近于与地面垂直的状态发射时的最大升高（理论值）分别为67千米（综合型）、79千米（落球型）。

在"和平6号"火箭气象运载系统研制和试验过程中，王希季带领研制人员攻克了火箭小型化及相关的发射装置方案选择、火箭起飞推重比（起飞推力与起飞重力之比值）最佳选择、端面燃烧型发动机工作可靠性等技术难题。

在火箭小型化及相关的发射装置方案选择方面，他们面临的问题是在探测仪器已能实现小型化的前提下如何使"和平6号"火箭达到起飞质量轻（只允许60千克左右）、箭体直径小、最大升限高（要求达到60~80千米）和发射装置能与火箭相匹配等问题。梁国寅和钱志芬（两人时为七机部八院火箭总体设计室技术员）等在火箭发动机、箭体结构研制人员的配合下，经广泛调研和多方案分析比较后，确定采用装填密度（装药质量与发动机总质量的比值）大、推力小的端面燃烧型复合推进剂发动机做动力装置，以最大限度地将装药的能量转换成火箭飞行的机械能（动能与位能之和）以及采用优质轻型材料和新颖的结构方案来减轻火箭的结构质量。这种方案的火箭能在稠密大气层内平缓加速上升，但起飞推重比不大（只有3.5，由此带来火箭的起飞加速度不大），如仅靠发动机的推力使火箭的出架速度达到能保证火箭出架后可在空中稳定飞行所需的量值，就要用很长的导向器。这样，就会形成"大马拉小车"的不协调局面。有没有办法使发射装置做得小巧一些呢？为此，方云华（时任七机部八院火箭发射室技术负责人）等提出了用活塞加速器助力发射火箭的方案。这种加速器既能对火箭初始段的飞行起导向作用，又能通过活塞显著提高火箭沿导轨滑行的加速度。采用这种发射装置，相当于在外部给火箭增加了助推器，从而能使火箭达到规定出架速度所需的导轨长度大大缩短。该装置的有效导轨长度（等于活塞长度）仅1.6米，火箭沿导轨滑行的加速度达到800~1 200米/秒^2（取决于稳压容器中装载的燃气生成剂的多少），火箭出架速度50~60米/秒。

在火箭起飞推重比的最佳选择方面，他们要解决的问题是在火箭的起飞质量、装药质量等已确定的前提下，发动机的推力取多大值才能使火箭的升限最大。研制人员通过计算火箭最大升高随起飞推重比的变化关系后，发现"和平6号"火箭存在一个最佳起飞推重比区间，当起飞推重比位于该区间内时，最大升高与其极大值的差异很小。据此，他们根据国内复合推进剂的研制状况以及发动机壳体防热要求，确定了装药种类和壳体直径，使火箭起飞推重比不低于最佳起飞推重比区间的下限，从而使火箭的最大升高接近于理论极大值。

在端面燃烧型发动机（指装药——装填于燃烧室内的固体推进剂只允许在后端面燃烧的发动机）工作的可靠性方面，他们主要面临的是采用何种装药工艺既能保证"和平6号"火箭发动机正常工作，又能使该发动机具有较好的对环境温度变化的适应性等方面的问题。在"和平6号"火箭气象运载系统的研制、试验过程中，这方面的问题出现较多。因此，其攻关过程较长，较复杂，真可谓"只要功夫深，铁杵磨成针"。

"和平6号"火箭发动机的装药燃烧室由顶盖、筒身、绝热层、衬层和药柱等组成。其中，顶盖和筒身的材料为铬锰矽钢，绝热层为柔性耐烧蚀材料；衬层位于绝热层和药柱之间，是以聚硫橡胶为主体的可硫化（即能变成弹性较好、耐热、不易断裂的硫化橡胶）的液态包覆材料，用于防止装药侧面燃烧。装药燃烧室最初采用的装药工艺为直接浇注法，即先用胶在筒身内壁上粘贴绝热层，再在绝热层内壁上涂衬层，然后将推进剂直接浇注于燃烧室内，在高温状态下使衬层与装药相互硫化成为整体。经1970年下半年进行的6台"和平6号"火箭发动机热试车全部失败表明，上述这种对复合推进剂内孔燃烧型装药发动机适用的方法，并不能用于端面燃烧型发动机。在王希季的指导下，洪树培（时为北京空间机电研究所火箭总体设计室发动机工程组组长）等研制人员经分析认为，采用直接浇注法装药工艺不能消除推进剂浇注到燃烧室内后在硫化降温过程中产生的热应力，由此药柱和包覆层的界面、包覆层和绝热层的界面不可避免地会出现脱粘。对于内孔燃烧型发动机来讲，只要在发动机使用前采取灌浆（液态包覆材料）措施将装药端面处的脱粘排除，那么在发动机点火工作后，由于装药燃烧沿半径方向从内到外进行，加上沿径向作用于装药内孔表面的燃气压力会将装药、包覆层、绝热层压紧，高温燃气就很难窜入内部各界面的脱粘处，从而可保证发动机正常工作。与此相反，端面燃烧型发动机装药燃烧沿轴线方向从后到前进行，燃气压力也是沿轴向作用于装药的后端面，只要内部各界面存在脱粘，发动机点火工作后产生的高温燃气不可避免地会窜入脱粘处，导致装药侧面燃烧，从而使装药燃面增大、发动机内部燃气压力急增，最终引起发动机爆炸。

为了解决直接浇注法装药工艺不适用于"和平6号"火箭发动机的问题，研制人员提出了装填式装药工艺。装填式装药工艺是先将推进剂在药模内固化成型为药柱，再将衬层所用的材料均匀地涂在经清洗打毛的药柱表面和燃烧室筒身内的绝热层上，而后将药柱塞进（装填于）燃烧室内，在常温下使衬层材料硫化与药柱结合成一体。这种装填方法可以避免直接浇注法带来的"脱粘"难题。1971年上半年进行的4台采用装填式装药工艺的"和平6号"火箭发动机热试车都获得成功。

上面这种全粘接装填式装药工艺虽然解决了直接浇注式装药工艺不可避免地会出现的"脱粘"的问题，在端面燃烧型发动机技术上是一个重大进步，但尚不能消除温差（装药发动机贮存或使用的环境温度与装填药柱时的环境温度之间的差异）所产生的热应力。若这种热应力超过各界面之间的粘接强度，也还会发生脱粘。为确保发动机工作可靠，装填药柱需要在临近使用的前几天于现场进行。当使用时的环境温度比装药时的环境温度低（这种情况，药柱要收缩），两者相差超过规定值且使用时间与装药时间的间隔较长时，需对已装药的发动机采取保温措施。因此，就使用性能来讲，全粘接装填式装药发动机并非尽善尽美，还有待进一步改进。

为此，王希季和研制人员于1971年下半年开始探讨"和平6号"火箭发动机对环境温度变化的适应性。曾采用改进衬层的配方以增加粘接强度，将药柱分段装填以使装药能分段收缩等技术途径，但均未获得成功。1972年6月，研制人员得知第七机械工业部第二研究院研制的一种小型端面燃烧型火箭发动机（药柱长度230毫米、直径80毫米、燃烧时间8秒）成功地进行了-25℃低温状态热试车的信息后，赶紧去取经，并结合"和平6号"火箭发动机的具体情况进行研究分析。大家认为，虽然"和平6号"火箭发动机的药柱长度（1186毫米）长，直径（平均约150毫米）大，燃烧时间（约35秒）长，但上述小型发动机采用的人工（自由）脱粘原理是一种可行的方案。这种方案是使衬层与绝热层人为地互不粘结（即脱粘），允许药柱（连同衬层）能随环境温度的改变作伸缩。随后，他们根据上述人工脱粘方案为"和平6号"火箭发动机具体制定了一套新的装填药柱的工艺方法——部分界面人工脱粘式装药工艺，并于当年7—8月成功地用这种装药工艺对"和平6号"火箭发动机进行了常温、低温、高低温循环三种工况共五次热试车。试验表明，部分界面人工脱粘式装药工艺能保证"和平6号"火箭发动机在装药和使用时的温差不大于50℃范围内正常工作。

部分界面人工脱粘式装药发动机在1973年、1974年、1975年于酒泉卫星发射中心探空火箭发射场相继进行的"和平6号"火箭气象运载系统第三批次飞行试验和"和平6号"火箭气象系统第一、第二批次飞行试验中，工作情况并不理想。在这3批次飞行试验共发射的19枚火箭中，11枚火箭的发动机工作正常，实测最大升高为52~75千米，另外8枚火箭的发动机分别出现了燃烧室被烧穿、喷管被烧穿、推力不正常、发动机爆炸等类型事故。特别是1975年5月进行的"和平6号"火箭气象系统第二批次飞行试验中，发射的7枚火箭有4枚出现故障。其中，1枚火箭的发动机被烧穿；3枚火箭的发动机在空中爆炸。事后根据回收到的发动机残骸，发现这3台在空中爆炸的发动机的装药均发生了侧面燃烧。王希季得知上述情况后，责成研制人员认真分析产品状态、查清故障发生原因。

在分析过程中，除了发现发动机结构设计上未在顶盖与筒身连接部位采取可靠的密封措施和在发动机机械加工时因管理不严致使顶盖和筒身配合不紧密等问题外，大家又不约而同地把注意力转向如下一个问题：部分界面自由脱粘式装药发动机在静止状态的热试车均取得成功，为何在飞行试验中屡遭失败？不少人认为，这可能与"和平6号"火箭发射时的起飞加速度过大造成药柱的动载荷过大有关。据此，李大耀在王希季的指导下利用一种简单的模型对"和平6号"火箭起飞过程中药柱（弹性体）的受力情况进行了动力学分析。分析表明，虽然按静力学观点似乎粘贴于顶盖的药柱前端面不会与顶盖脱粘，但由于药柱是弹性体，从动力学的观点来看药柱有可能在火箭启动初期就与顶盖脱粘。这样，加上发动机设计和产品加工质量上存在的问题，就可能致使高温燃气沿药柱侧表面通过顶盖窜出，从而将衬层烧掉，并最终导致药柱侧面燃烧、发动机爆炸。

部分界面自由脱粘式装药发动机在飞行试验中出现爆炸的原因基本搞清后，研制人员对"和平6号"火箭发动机的结构设计进行了改进，大力加强了产品质量管理；还通过减少活塞加速式发射装置稳压容器内的燃气生成剂，使火箭从发动机点火到箭体启动的时间间隔增大，以便火箭启动时药柱内部从上到下受到的燃气托力（等于燃气压力乘装药横截面积）已趋近静力学情况。

"和平6号"火箭气象系统于1979年12月进行的第三批次飞行试验表明，上述措施行之有效。发射的9枚火箭（其中1枚火箭试验部分界面自由脱粘式装药发动机；8枚火箭从验证全系统性能出发，仍采用全粘结装填式装药发动机）均飞行正常。

在进行这批次飞行试验时，王希季到位于昆明地区嵩明县、海拔2.5千米的发射场指导和检查射前准备工作。他一到现场，就深入各工位，连一些看起来不要紧的问题都不放过。他要求发控人员在发射控制设备上增加静电保护措施，告诫参试人员：发射准备无小事，来不得半点侥幸。只有做到严肃认真、周到细致，才能实现稳妥可靠、万无一失。

"和平6号"火箭气象系统通过1971年7月至1979年12月进行的3批次运载系统和3批次整个系统共36枚火箭的飞行试验表明，其运载系统从火箭起飞质量、飞行高度和发射设备的使用性能等方面来看，已经满足设计任务书提出的技术指标要求和达到国际同类火箭气象运载系统的先进水平。

由于第七机械工业部（简称七机部）于1978年9月决定将探测火箭系列研制和批生产任务转交长沙工学院（现国防科学技术大学）承担，而且长沙工学院已于1976年根据七机部的安排开始了"761"（后改称"织女1号"）小型火箭气象运载系统的研制，王希季领导的北京空间机电研究所在1979年12月执行了"和平6号"火箭气象系统最后一批次飞行试验任务后就终止了有关火箭气象方面的研制。

为便于长沙工学院进行"织女1号"火箭气象运载系统的研制，王希季责成北京空间机电研究所的有关人员向长沙工学院研制人员仔细介绍"和平6号"火箭气象运载系统的情况、责令北京空间机电研究所的有关部门将"和平6号"火箭气象运载系统的设计资料全面提供给长沙工学院。长沙工学院的研制人员认为，"和平6号"火箭气象运载系统的研制实践，为他们进行"织女1号"火箭气象运载系统提供了宝贵的借鉴。

五、送狗乘箭游蓝天

用火箭对生物或其他物件进行飞行试验（即火箭试验），是王希季致力开拓的中国第二类火箭探空领域。

T-7A火箭具有较大的运载能力。能不能将这种火箭用于气象探测之外的其他领域，是王希季在负责研制T-7A火箭气象运载系统期间关心和考虑的一个问题。当他得知中国科学院生物物理研究所拟用火箭开展生物高空飞行试验和生物医学研究来为发展中国载人航天的空间生命科学做一些基础工作后，立即组织研制人员研究这方面的工程技术，制定出用T-7A火箭作为运载工具来进行生物高空试验的技术方案。

以T-7A火箭运载系统为基础研制的火箭生物试验系统有两种："探空7号甲生物Ⅰ型"[代号T-7A（S_1）]火箭试验系统和"探空7号甲生物Ⅱ型"[代号T-7A（S_2）]火箭试验系统。这两种系统的研制负责单位均为上海机电设计院，试验生物由中国科学院生物物理研究所提供。

T-7A（S_1）火箭试验系统于1963年9月开始研制。其中，生物试验火箭为由T-7A火箭箭体与新研制的"生物Ⅰ型"箭头组合而成的T-7A（S_1）火箭。"生物Ⅰ型"箭头内携带的生物主要是大白鼠（啮齿目动物），另外还有小白鼠和生物试管。在主发动机推进剂3/4容量加注状态时，T-7A（S_1）火箭（不包括滑块）的起飞质量为1 144千克（其中生物箭头质量121千克），从海拔0千米的场地以接近于与地面垂直的状态发射时的最大升高76千米（理论值）。

为满足试验生物的生命保障、情况监测等方面的需要，"生物Ⅰ型"箭头由密封生物舱、供气系统、摄影系统、遥测系统和回收系统等组成。其中，密封生物舱为整体密封结构，内装两只被束缚（固定）在鼠盒内的大白鼠和两只可在有机玻璃盒内自由活动的大白鼠；供气系统在火箭飞行过程中给生物舱提供新鲜空气，并能在起飞前和着陆后通过与大气连通的装置使舱内外自然换气；摄影系统拍摄两只活动大白鼠（一只通常状态，一只被割除了对内脏、血管、腺体等机能起调节作用的迷走神经）在火箭飞行过程中从超重阶段（火箭动力飞行段，此阶段火箭内部物体对支持物的压力或对悬挂物的拉力大于物体本身的重量，好像物体增加了一部分重量）到失重阶段（火箭无动力飞行段，此阶段火箭内部物体对支持物的压力或对悬挂物的拉力小于物体本身的重量，好像物体失去了一部分重量；当火箭相对于地面的运动加速度接近于当地的重力加速度时，火箭内部的物体就处于基本失重——微重力的状态）以及失重阶段的活动姿态；遥测系统测量一只固定大白鼠在火箭飞行过程中的心电变化（另一只固定大白鼠供试验后进行血液理化分析）；回收系统采用降落伞系统保证生物箭头安全着陆。

对王希季及T-7A（S_1）火箭的研制人员来讲，密封生物舱、供气系统、摄影系统和心电遥测系统都是过去未曾搞过的事物。为了确保它们在飞行和高空环境下工作可靠，他们在各部件和各系统通过性能试验的基础上，于1964年5—6月对"生物Ⅰ型"箭头进行了常态（地面环境条件）、真空（高空环境条件）和振动（飞行环境条件）3种工况下的综合试验，并在试验后根据试验结果改进和完善了生物Ⅰ型箭头设计。例如，装固定大白鼠的鼠盒原未采取减振和电磁屏蔽措施，致使振动试验时遥测系统输出的心电曲线波形紊乱和受到干扰，经增设弹簧减振机构和铜丝屏蔽网后，方获得了清晰的心电曲线。

T-7A（S_1）火箭试验系统于1964年7月、1965年6月分别在华东火箭探空基地进行了一次和两次飞行试验。通过试验，考察了火箭飞行因素和高空环境对大白鼠和小白鼠等生物的影响，为中国进行高空生物学研究工作提供了初步资料；验证了"生物Ⅰ型"箭头设计的合理性和可靠性，为中国生物生命保障系统的工程研制积累了初步经验。在这3次飞行试验中，所有的试验生物全部活着返回地面。

与王希季一道开创中国航天事业和火箭探空事业的杨南生，以负责研制成功中国第一个生物火箭试验系统——T-7A（S_1）火箭试验系统和负责该系统的首次飞行试验，为其在上海机电设计院的生涯画上了圆满的句号。

在T-7A（S_1）火箭试验系统成功地进行了大白鼠的高空飞行试验后，用于对狗进行高空飞行试验的T-7A（S_2）火箭试验系统于1965年10月开始研制。该系统所用的火箭为由T-7A火箭箭体加上新研制的

"生物Ⅱ型"箭头组成的T-7A（S_2）火箭。"生物Ⅱ型"箭头内携带一只狗（犬齿目动物）和四只大白鼠等生物。在主发动机推进剂全容量加注状态时，T-7A（S_2）火箭（不包括滑块）的起飞质量1 325千克（其中，箭头质量170千克），从海拔0千米的场地以接近于与地面垂直的状态发射时的最大升高70千米（理论值）。

与T-7A（S_1）火箭的箭头（"生物Ⅰ型"箭头）相比，T-7A（S2）火箭的箭头——"生物Ⅱ型"箭头不仅结构复杂得多，技术水平也高多了。"生物Ⅱ型"箭头由箭尖、生物舱和回收舱等组成。其中，生物舱是试验生物的居留处，为整体密封结构，分上、下两段。上段装载用来记录火箭飞行过程中狗的心电、血压、体温、呼吸等生理指标和其他一些飞行参数的磁记录系统，还装载了用于测量舱内电离辐射强度的核子乳胶块。下段装载用来拍摄火箭飞行过程中狗在超重和失重状态下行为反应的摄影系统以及用来为试验生物在舱内生活提供良好环境的半闭式生活条件保证系统，还装载了带有减振器、条件反射装置（位于狗头部）、尿屎收集器（位于狗尾部）等的狗托盘以及大白鼠盒。

T-7A（S_2）火箭试验系统由王希季负责整个系统、林华宝（1931—2003，中国工程院院士，时任上海机电设计院火箭结构设计室技术负责人）负责箭头的研制。他们带领研制人员通过精心设计，较好地解决了"生物Ⅱ型"箭头密封生物舱结构与生物生活条件保证系统相关联的各种问题，以及在密封生物舱容积有限的条件下摄影系统如何安排的问题。特别是，将"生物Ⅱ型"箭头内的生活条件保证系统由T-7A（S_1）火箭"生物Ⅰ型"箭头所采用的那种简单的开式系统（这种系统没有在生物舱内装置可对二氧化碳气体进行物理或化学处理的设备，舱内生物呼出的二氧化碳仅靠供给的氧

从T-7A（S_1）火箭中取出的大白鼠

气和氮气来冲淡,然后再随舱内气体排出舱外,利用这种方法来使舱内的二氧化碳浓度维持在允许范围内)发展成带消耗性吸收剂的半闭式系统(这种系统在生物舱内装置了能对二氧化碳和水汽进行物化吸收的设备,由供气系统自动供应舱内生物必需的氧气,以此来使舱内的氧气和二氧化碳浓度维持在预期的范围内)。这种半闭式生物生活条件保证系统的研制,为后来中国用返回式遥感卫星搭载进行生物飞行试验和神舟号飞船相关系统的研制提供了经验。

为了验证和测试"生物Ⅱ型"箭头内各系统的工作性能、可靠性、协调性和测量生物舱内气体成分是否适宜生物生存、考验狗对舱内环境和对各种传感器的适应性,研制人员于1966年6月对即将用于飞行试验的两个箭头进行了常态(地面环境条件)和振动(飞行环境条件)两种工况下的综合试验。试验后,他们又对试验中出现的局部性问题采取了相应的解决措施。

T-7A(S_2)火箭试验系统于1966年8月在华东火箭探空基地进行了两次飞行试验。通过试验,考察了火箭飞行环境和高空环境对大动物(狗)机体的可能影响;考验了生物生理参数信号记录技术和舱内摄影技术,为生物试验数据的获取和研制工作积累了经验和资料;考验了为进行火箭生物试验所必需的密封生物舱结构和生物生活条件保证系统工程设计的合理性和可靠性,进一步积累了火箭生物试验系统的研制经验。这两次飞行试验均取得圆满成功,实测火箭的最大升高分别为70千米、68千米,两枚火箭的生物箭头均乘降落伞在地面安全着陆、完整回收,所有试验生物均经受住T-7A(S_2)火箭飞行过程中振动、冲击、噪声、超重和失重综合因素的考验。试验时,为了迅速回收试验生物,利用直升机在箭头预定着陆区上空盘旋搜索,发现箭头后跟踪箭头着陆和实施回收作业。

倪妙成(时为上海机电设计院火箭总装人员)在一篇回忆当时他与回收人员一起乘直升机跟踪回收T-7A(S_2)火箭箭头情况的文章中写道:"当我们在直升机上看到箭头在降落伞携带下晃晃悠悠地向地面飘降时,激动得心都快要跳出喉咙了。直升机着陆后,我们顾不得山路崎岖，深一脚浅一脚地走了一个多小时才赶到箭头落点。只见箭头完整无损地横卧在山林里。待打开生物舱的舱盖，取出生物时，看到小狗和大白鼠活蹦乱跳，大家脸上都流露出无比喜悦之情。"

相继于 1966 年 7 月 15 日、25 日乘 T-7A（S_2）火箭遨游蓝天的两只小狗是分别被叫作"小豹"的雄性狗和被叫作"姗姗"的雌性狗。它们的历史性飞行，使中国成为世界上少数几个能用火箭进行大动物飞行试验的国家之一。

王希季对中国在火箭生物试验领域取得的上述进展曾做了如下评价："T-7A（S1）和 T-7A（S_2）火箭试验系统的研制和使用，使中国

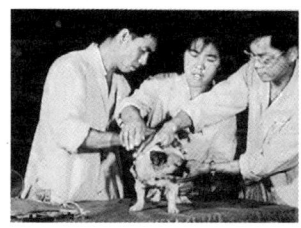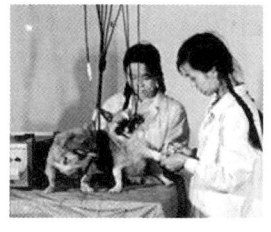

即将乘 T-7A（S_2）火箭遨游蓝天的"小豹"和"姗姗"在进行生理参数检测

在 20 世纪 60 年代中期就获得了有关动物高空飞行的成功经验。因此，中国在 1992 年决定开展'神舟号'飞船载人航天工程研制时就很有把握地省略掉'生物飞行试验'这个苏联和美国在载人航天发展初期都有的过程，从而给'神舟号'工程的研制带来很大的好处。"

由于 T-7A（S_1）火箭和 T-7A（S_2）火箭成功地在 20 世纪 60 年代中期进行了中国的生物高空飞行试验，这两种火箭合并作为一项重大科技成果受到 1978 年召开的全国科学大会表彰。

在中国第二类火箭探空领域中，王希季除负责研制成功 T-7A（S_1）和 T-7A（S_2）火箭试验系统外，还负责将 T-7A 火箭改制成用于进行新技术试验的火箭系列，相继研制成功了"探空 7 号甲研究 I 型"[代号 T-7A（Y_1）]火箭探测系统的运载系统、"探空 7 号甲研究 II 型"[代号 T-7A（Y_2）]火箭试验系统（用于验证螺旋导轨发射架发射火箭的适应性、考验火箭各系统在地面低温环境和自转情况下的工

作性能、测量主发动机系统的工况等）、"探空 7 号甲研究 Ⅴ 型"[代号 T-7A（Y5）] 火箭试验系统（用于进行"长征 1 号"运载火箭末级发动机点火系统的高空性能试验，参见第五章第二节）和"探空 7 号甲研究 Ⅵ 型"[代号 T-7A（Y6）] 火箭试验系统（用于进行返回式遥感卫星仪器设备的高空性能试验，参见第六章第四节）。

T-7A（Y_1）火箭探测系统运载部分（系统）的研制负责单位是上海机电设计院，探测部分的研制负责单位是中国科学院地球物理研究所。该系统用于进行电离层探测技术试验，所用的火箭是由 T-7A 火箭箭体与新研制的电离层探测箭头组合而成的 T-7A（Y_1）火箭。该火箭箭头质量 110 千克，其中的仪器舱内部装载探测电离层电子浓度的色散干涉仪等设备；主发动机推进剂全容量加注，在海拔 0 千米的场地以接近于与地面垂直的状态发射时的最大升高 100 千米（理论值），能满足探测电离层 D 层（在中纬度地区，位于海拔 70~90 千米）的高度要求。

如何确保探测箭头安全回收是摆在王希季和 T-7A（Y_1）火箭研制人员面前的关键问题。针对 T-7A 火箭单纯靠降落伞只能满足最大升高不大于 80 千米的回收要求（在最大升高超过此阈值时，如只用降落伞，采用高空开伞方案会因气动加热使伞衣烧熔；采用低空一次开主降落伞方案又会因开伞动载过大使伞衣破损或伞绳断裂，两者均将导致失败（参见第四章第二节），他们提出了利用减速钣、减速伞和主降落伞对 T-7A（Y_1）火箭的探测箭头进行三级减速的方案。这种回收方法是：首先，在火箭飞达弹道顶点附近进行头体分离的同时，使安装在箭头回收舱上的减速钣张开；而后待经减速钣初步减低了下降速度的箭头回落到距地面几千米的高度时，弹出减速伞使箭头的下降速度进一步减慢；最后，再由减速伞拉出主降落伞，使箭头乘减速伞和主降落伞组成的串联式伞系向地面徐徐降落。飞行试验表明，该方案行之有效，为高空火箭回收提供了一种可行的技术途径。

T-7A（Y_1）火箭试验系统于 1965 年 11 月在华东火箭探空基地成功地进行了一次飞行试验。这次飞行试验情况良好，实测火箭最大升高

90.5 千米，箭头和箭体均完整回收，探测仪器设备工作正常，获得了电离层 D 层电子浓度等数据。

六、火箭核云取样建奇功

随着中国核武器研制试验的进展，用火箭收集核爆炸时形成的蘑菇状烟云（简称核云）中的放射性固体微粒样品（火箭样品收集，简称火箭核云取样或火箭取样）为王希季在火箭探空领域提供了又一个用武之地。他负责研制成功中国第一代火箭取样系统，负责或指导研制成功中国第二代火箭取样系统。

中国于 1964 年 10 月 16 日成功地爆炸了自行研制的第一颗原子弹之后，又于 1966 年 12 月 28 日胜利地完成了中国首次氢弹原理性试验。在中国首次氢弹爆炸试验即将进行之际，西北核试验基地的研究所（现西北核技术研究所）为了判定首次氢弹爆炸的实际当量（指核爆炸释放出的能量相当于多少万吨 TNT 炸药爆炸释放出的能量），于 1967 年年初向七机部八院提出了研制"和平 3 号"火箭取样系统的要求。由此，揭开了中国火箭探空为核爆炸试验直接服务的序幕。

当时，正值"文化大革命"中"一月夺权风暴"掀起、狂行之际。身处逆境的"当权派""技术权威"王希季的日子很不好过。责任感重于泰山的他，带领七机部八院的研制人员冒着被戴上"以业务冲击政治""干扰文化大革命的大方向"的帽子，在尽力推进中国第一种卫星运载火箭总体方案设计（参见第五章第一节）和中国第一种返回式遥感卫星总体方案论证（参见第六章第二节）的同时，只用了不到一个月的时间就负责提出了中国第一种火箭取样系统——"和平 3 号"火箭取样系统的方案。

"和平 3 号"火箭取样系统利用了"和平 2 号"火箭气象运载系统的成果。该系统中的取样火箭——"和平 3 号"火箭为由两台"和平 2 号"火箭第二子级发动机和取样箭头等组成的两级火箭。在执行核爆炸取样任务时，火箭从距爆心（核爆炸时刻核弹在地面上的垂直投影点）

较远距离处用导轨式发射架以倾斜于地面的状态对准烟云发射。"和平3号"火箭的箭体直径为205毫米，起飞质量约225千克，在海拔1千米的场地以65°俯仰角发射时的弹道顶点高度（海拔，下同）和距离（相对于发射点的水平距离，下同）均约为25千米（理论值）。

对核样品进行放射性化学分析并据此推算出核爆炸的当量，要求样品清洁干净、数量足够和具有代表性（即能反映烟云内放射性粒子的总体情况）。为了使"和平3号"火箭取样系统能收集到质量好的样品，王希季带领王明秋（时为七机部八院火箭总体设计室固体火箭组组长）等研制人员做了不懈的努力。

"和平3号"火箭取样系统最先采用的取样方法是回落飞行段降落伞穿云（烟云）取样法。即在火箭飞达弹道顶点附近时先进行头体分离，而后在箭头乘降落伞穿过烟云向地面回落的过程中，通过缝在降落伞上的滤布来捕获烟云中的固体微粒。这种取样方法技术简单，容易实现。但由于降落伞下降速度慢，加上降落伞着地后滤布会沾上尘土，故这种方法不仅取样效率低，而且样品的质量差，仅用于执行了1967年6月17日进行的中国第一次氢弹爆炸试验的取样任务。而后，"和平3号"火箭取样系统就采用上升飞行段取样器穿云取样法，先后在取样箭头内使用过两种取样器。

第一种取样器比较简单。其进气口前部有一个可分离的头锥，取样前靠它来封闭进气口。取样开始时把头锥分离掉（抛掉），进气口随之打开，烟云中的固体微粒随气流进入取样器内部，通过粒子过滤器后排出。取样完成后，再靠进气管道上安装的一个阀门把进气口封闭。这种取样器对进气口采取了防尘措施，但未在排气口设置防尘装置，故地面回收后取得的样品还不是完全无尘的样品。同时，这种取样器的进气口和内部通道的气动性能不好，造成它的总压恢复系数（过滤器前的气流总压——静压与动压之和与进气口前方自由流总压的比值）低，过滤器实际能过滤的空气量不多，故取样效率不高。因此，从1969年起，使用性能较好的第二种取样器。

第二种取样器靠气瓶中存贮的高压空气驱动一个可移动的外壳把进

气口和排气口同时打开，进行取样，取样完成后再靠高压空气驱动外壳把进气口和排气口同时关闭，可保证样品不受污染。这种取样器的进气口和内部通道的气动设计比较合理，它的总压恢复系数比第一种取样器大40%，流量系数（进入取样器的气体流量与以进气口面积为横截面积的自由流管中的气体流量之比值）比第一种取样器大一倍多，从而取样效率就较高。携带这种取样器的取样箭头后来被用于其他以"和平"命名的取样火箭中。

在"和平3号"火箭取样系统研制、使用的基础上，应使用单位的要求，七机部八院分别于1967年6月和1969年6月开始进行"和平4号"火箭取样系统、"和平5号"火箭取样系统的研制。

"和平4号"火箭取样系统主要用于获取核爆炸后刚开始升起、尚未达到稳定状态的烟云中微粒样品。该系统所用的火箭——HP-4火箭由"和平3号"火箭的第二级火箭改制而成，起飞质量约135千克，在海拔1千米的场地以55°俯仰角发射时的弹道顶点高度和距离均为6~7千米（理论值）。

"和平5号"火箭取样系统采用从位于爆心处的地下井发射火箭，穿云取样。该系统所用的火箭——"和平5号"火箭由"和平3号"火箭的取样箭头与"和平2号"火箭的第一子级火箭发动机等构成，起飞质量约230千克，在海拔1千米的场地以垂直于地面的状态发射时的弹道顶点高度为海拔23千米（相应最大升高22千米，理论值）。该系统能在核爆炸后较早地发射，穿云命中率高，容易获得取样的成功，是中国各种火箭取样系统中使用次数最多的一种，累计有35枚火箭在1969年9月至1978年12月分批执行了9次核爆炸取样任务。

由"和平3号""和平4号"和"和平5号"火箭取样系统组成的中国第一代火箭取样系统解决了中国有无火箭取样系统的问题，在中国核武器的发展中起到重大作用。如何使中国火箭取样技术水平进一步提高，如何使中国火箭取样系统能满足使用单位提出的取样高度要提高、取样量要增大、样品的代表性要更好、样品的洁净度要更高等进一步要求，又摆在了王希季的面前。

王希季和他的同事们正是在攻克一个又一个难题的征程中，以出色地完成所承担的任务来推进中国火箭探空事业和航天事业的发展。

王希季带领北京空间机电研究所的研制人员，于1972年3月开始研制中国的第二代火箭取样系统。此时的王希季已经从多年的型号研制实践中认识到复杂工程项目的设计应该从工程项目与外部环境的联系入手，应以工程项目整体最优作为目标（参见第九章第三节）。他提出中国第二代火箭取样系统应以致力于提高火箭取样效果，而不是片面追求火箭本身先进作为研制准则，决定中国第二代火箭取样系统的第一种型号——"挺进1号"火箭取样系统按先进的等动力学取样原理进行设计。

等动力学取样是唯一可以保证取样器穿云取样时能收集到代表烟云总体情况样品的方法。它要求在取样飞行过程中，火箭的飞行速度（相对于地面的速度）大于当地声速，要求取样器的流量系数始终等于1和取样器内的过滤材料对烟云中各种大小不同粒子的收集效率均为100%。取样器的流量系数等于1，不仅可以避免进气口对烟云中各种大小不同的粒子进入取样器起选择作用，使进气口前方自由流管中的各种粒子都能进入取样器；而且意味着在烟云已达稳定时进入取样器的气体及其包含的各种粒子在直到进气口之前，它们相对于火箭的宏观运动速度（动力学参数）相等，从而使取到的样品具有"等动力学"的特征。

为了实现等动力学取样并保证样品不受污染和迅速回收，需要解决取样器气动设计、火箭飞行方案选择、样品密封贮存和取样箭头低空开伞等关键技术问题。

用于收集、贮存样品的取样器是"挺进1号"火箭取样箭头的组成之一。这个与火箭共轴、旋成体外形的取样器分扩压器、过滤器和排气道三部分。其中，扩压器用来使从进气口进入的自由流（入口气流）减速增压，将其动能转变成足以克服过滤器阻力的压力势能；过滤器用来收集入口气流中携带的固体微粒；排气道用来将通过过滤器的气流顺利地排出到大气中。该取样器的气动设计由杨吉纯（时为西北核试验基地研究所负责火箭取样的技术员）等负责进行。他们经过分析研究，选用带中心锥的单锥扩压器来减小内部气流的总压损失，以提高过滤器前后的压力差，使进入取样器的气体能顺利地通过过滤材料。在选定了扩压器的类型后，他们又根据空气动力学理论仔细地进行了内部通道的构形设计。扩压器内部通道包括收缩段、喉道和扩张段3部分。为了使气流在扩张段通道内能顺利地由轴线方向转到半径方向通过环形过滤器排出，在扩压器的后部设置了导流锥。此外，还在过滤器之后、扩压器出口之前，沿圆周设置了一组导流片，使沿半径方向通过过滤器的气流又能顺利地转到轴线方向排出取样器。风洞试验和使用结果表明，根据这样设计制造出的扩压器气动性能和取样效果均良好。

根据王希季提出的设计准则和使用单位提出的设计要求，研制人员于1972年5月至1974年4月完成了"挺进1号"火箭取样系统的方案论证和方案设计。该系统采用地下井（位于爆心附近）发射、上升飞行段取样器穿云取样，所用的火箭——"挺进1号"火箭由两台直径均360毫米的固体发动机与取样箭头组成。其中，第一子级火箭发动机为中燃速聚硫橡胶类复合推进剂内孔燃烧型发动机，工作时间短，推力大，起助推作用；第二子级火箭发动机为高燃速聚硫橡胶类复合推进剂端面燃烧型发动机，工作时间长，推力小，起缓慢加速作用。该方案的火箭可以在相当宽的高度区间内满足等动力学取样对飞行性能的要求，能以一种技术状态执行不同核爆炸试验的等动力学取样任务。1974年5月第七机械工业部组织召开的方案审查会认为，北京空间机电研究所提出的"挺进1号"火箭取样系统的总体方案基本可行，该系统研制成功后将使中国在核爆炸取样工作方面达到一个新水平。

正当"挺进1号"火箭取样系统技术设计即将结束之际，发动机装药承制单位于1975年6月在为其他型号发动机生产高燃速聚硫橡胶类复合药时又发生了爆炸事故，致使第二子级火箭发动机的研制工作搁浅。此时，离使用部门提出的使用时间只有一年多了。为确保完成核爆炸试验的取样任务，王希季带领朱汉章（时为北京空间机电研究所火箭总体设计室技术员）等研制人员于1975年8月提出了一种取名为"挺进1号甲"火箭取样系统的应急方案，以替代"挺进1号"火箭取样系统。

"挺进1号甲"火箭取样系统是一个利用业已成功的T-7A火箭和已取得一定进展的"挺进1号"火箭取样系统的研制成果而形成的系统，也是一个能在一定高度层内进行等动力学取样的系统。从硬件上讲该系统与"挺进1号"火箭取样系统的主要差别在火箭。"挺进1号甲"火箭取样系统中的火箭——"挺进1号甲"火箭用已研制成功的T-7A火箭助推发动机做第一子级火箭发动机、用正在研制的"挺进1号"火箭第一子级发动机（常温下地面平均推力为49千牛）做第二子级火箭发动机，用正在研制的"挺进1号"火箭取样箭头做取样箭头。该火箭可通过增设阻力环等措施构成不同技术状态的火箭，来适应不同取样高度区间的等动力学取样要求。其中，第一状态（未增设阻力环的状态）火箭的起飞质量802千克，在海拔1千米的场地以接近于与地面垂直的状态发射时能飞达海拔50千米的高空（相应最大升高49千米，理论值）。

"挺进1号甲"火箭取样系统于1976年11月用第一状态火箭执行了一次氢弹爆炸取样任务后，又于1980年10月用第二状态（增设了阻力环的状态）火箭执行了另一次氢弹爆炸取样任务。在这两次取样任务中，火箭发射、取样和回收均取得圆满成功。"挺进1号甲"火箭取样系统这项重大科技成果受到1978年召开的全国科学大会的表彰。

在中国研制成功的各种火箭探空系统中，"挺进1号甲"火箭取样系统的飞行程序最复杂。从火箭发射起飞到取样箭头回收，它要完成以下10步工作：第一步，开井盖，第一子级火箭发动机点火（火箭发射）；第二步，第二子级火箭发动机点火，第一子级火箭与第二级火箭分离；第三步，抛整流罩，开始取样；第四步，样品密封存贮，取样结束；第五步，头体分离；第六步，抛扩压器；第七步，取样箭头变轨；第八步，弹减速伞，张开主伞；第九步，取样盒解锁；第十步，取样盒回收。具体从略。

在"挺进1号甲"火箭取样系统于1976年11月17日成功地执行

了当时号称千万吨级的特大当量的氢弹爆炸试验取样任务后,根据使用部门的要求,北京空间机电研究所又在王希季的指导和宋忠保(时任北京空间机电研究所技术副所长)的领导下研制成功了用于中小当量核爆炸试验取样任务的挺进2号火箭取样系统。

"挺进2号"火箭取样系统中的火箭——"挺进2号"火箭由"挺进1号甲"火箭的第二级火箭做适当修改而成,起飞质量为383千克,能满足在一定的取样高度区间内进行超声速飞行取样的要求。该系统于1977年9月、1980年10月16日各成功地执行了一次氢弹爆炸试验取样任务,并做好了于1985年10月执行又一次核爆炸试验取样任务的准备。因中国决定不再在地球(稠密)大气层内进行核试验,原拟于1985年10月进行的核爆炸取消,"挺进2号"火箭就不再发射,中国的火箭取样工作也告终止。也许是历史的巧合,也许是其他什么原因,10月16日在中国核爆炸试验史中是一个令人关注的日子——1964年的10月16日中国爆炸成功了第一颗原子弹,整整16年后,中国又于1980年的10月16日成功地完成了最后一次氢弹爆炸试验和火箭取样。

在"挺进2号"火箭取样系统研制和试验过程中,研制人员解决了低高度开壳取样带来的箭头结构强度方面的问题和被抛离的整流壳与箭体相碰撞的问题。经评选,"挺进2号"火箭获国防科学技术工业委员会1981—1982年重大科技成果奖二等奖。

七、创建中国火箭探空技术学科

王希季在开拓和发展中国火箭探空事业的同时,十分注意和重视把研制经验上升到理论高度。20世纪80年代中期,他建议多年从事火箭探空的北京空间机电研究所对火箭探空技术及其发展情况进行系统总结。1993年,宇航出版社出版了王希季指导编写并主持审定的、宋忠保(时任北京空间机电研究所所长、研究员)和李大耀(时为北京空间机电研究所研究员)分别任正、副主编的《探空火箭设计》。该书主要论述了无控制火箭探空运载系统总体和各分系统的设计原理、设计方法，体现了20世纪90年代之前火箭探空运载系统的先进科技成果，说明了火箭探空的特点、用途、发展趋势和发展前景。此后，王希季又主持审定了由中国航天工业总公司档案馆组织编写、以介绍产品性能为主的《中国探空火箭手册》，指导李大耀编写了反映研制过程的《中国探空火箭40年（1958—1997）》（1998年由宇航出版社出版）。这3部著作从3个不同的侧面较系统和全面地展示出中国火箭探空技术在20世纪取得的进步和成就，表明由王希季领导创建的中国火箭探空技术学科业已形成。

王希季还在20世纪90年代中期指导北京空间机电研究所开展了用探空火箭进行微重力（即接近于完全失重的状态）试验的预先研究。这项工作的成果对中国微重力试验火箭在21世纪来临前夕诞生起到一定的探路作用。

近20年来，王希季虽不从事探空火箭方面的工作，但很关注和称赞中国航天动力技术研究院（其前身为七机部四院），为使中国的火箭探空事业得以进一步发展所做的努力和取得的成就。截至2017年，该院已研制成功由"天鹰1号、2号、3号和4号"等采用固体火箭发动机的探空火箭组成的中国新一代系列探空火箭。其中，于2010年6月发射的"天鹰4号"A型火箭用于探测中国低纬度地区20~60千米高度层内的大气温度、压力和风场；于2011年5月发射的"天鹰3号"C型火箭用于探测中国低纬度地区上空的电离层，实测最大飞行高度为海拔196千米；于2013年4月发射的"天鹰3号"E型火箭用于进行空间探测和科学试验；于2016年4月发射的"天鹰3号"E型空间环境垂直探测试验火箭飞抵海拔316千米的高空，创造了我国探空火箭飞行升限的新纪录。

第五章

为遨游太空
架天梯

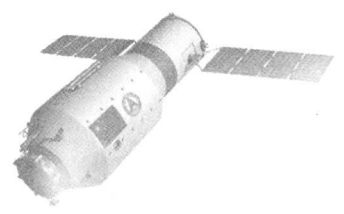

用于进行航天飞行的人造卫星等航天器本身不具备进入太空的能力，需要由航天运载器（如运载火箭）为其提供在太空沿一定轨道运行所必需的全部或大部分机械能。因此，航天运载器技术是实现航天的一项基础技术，航天运载器犹如"天梯"，为航天器进行太空遨游架设了一条通道。在中国航天运载火箭技术的创建和发展中，王希季进行的奠基性工作很有成效。正是他在中国第一种航天运载火箭——"长征1号"火箭研制中做出的创造性贡献，为中国第一颗人造卫星——"东方红1号"卫星遨游太空提供了保证。

一、开启中国航天运载技术之门

1964年，随着国民经济胜利完成了调整任务，中国的社会主义建设又进入了一个新的发展时期。在这一年，中国的导弹技术也首次取得了重大突破，当年6月首次成功地发射了本国自行研制的第一枚中近程导弹。中国在人造卫星技术预先研究方面也取得了多项成果。中国开展卫星工程系统（由人造卫星、卫星运载火箭、卫星发射场和测控网等组成的系统）研制的条件业已成熟。

在这种形势下，曾倡导中国要搞人造卫星的著名科学家赵九章（时任中国科学院地球物理研究所所长）、钱学森（时任第七机械工业部副部长），分别于1964年12月27日、1965年1月8日向国家提出了加速发展中国空间技术的建议。赵九章在建议中从发射卫星和发射远程导弹的关系、人造卫星的应用、人造卫星的工作规模和尖端科学及工业的关系3个方面阐述了发展中国人造卫星的重要性，认为中国亟须进一步准备发射人造卫星的工作。钱学森在建议中提出："从现在来看，中国的弹道式导弹已有一定基础，中远程导弹进一步发展即能发射一定重量的卫星，计划中的远程导弹无疑具有发射人造卫星的能力。发射人造卫星的工作艰巨复杂，必须及早开展有关研究，到时才能拿出东西来。因此，要早日列入国家计划，促其发展。"他们的建议，受到国家的重视。

1965年5月，国务院、中央军委专门委员会（简称中央专委）第十二次会议原则上批准了国防科委提出的中国第一颗人造卫星于1970年至1971年发射的设想和由中国科学院负责研制人造卫星、第七机械工业部负责研制卫星运载火箭等方面的分工安排意见。此后不久，七机部决定中国第一种卫星运载火箭——"长征1号"火箭的总体设计工作由王希季任总工程师的七机部八院承担。

曾在1958年至1959年带领研制人员开展过卫星运载火箭的设计（按现在看来，为预先研究）和决定通过探空火箭的研制为今后研制卫星运载火箭做技术准备的王希季，为中国空间技术经多年努力终于转入工程研制时期而欢欣鼓舞，为受命主持进行一项关系到使中国成为航天国家的重大工程项目深感责任重大。

王希季在一篇刊登于《中国航天50年回顾（国防科学技术工业委员会编）》（北京航空航天大学出版社2007年出版）的有关中国航天自主创新的文章中写道："七机部八院在授命进行'长征1号'火箭总体设计时，世界上只有苏联和美国利用各自拥有的洲际导弹或中、远程弹道式导弹改制成的几种卫星运载火箭，法国和日本则在利用各自拥有的探空火箭和从美国引进的技术在研制卫星运载火箭方面取得不同程度的进展（其中日本尚处于起步阶段）。采用哪一种技术途径发展中国的卫星运载火箭，是研制人员面临的一个问题。更有甚者，他们还面临时间紧、任务重、要求高的难题。即要求"长征1号"火箭，能在4年后用来发射中国的第一颗人造卫星，能在技术上有所超赶，能把比苏联和美国第一颗人造卫星重量大得多的中国卫星送入预定的太空轨道，能使中国在世界上拥有发射人造卫星能力的国家排名位居第四位或第五位。面对这些难题怎么办？研制人员通过认真讨论，认为只有充分了解中国的国情和实际，充分利用中国可以利用的资源，在此基础上自主创新，才能完成国家提出的新任务，满足迫切的新需求，除此之外，别无他途。"

为了提出一个满足任务需求、又切实可行的"长征1号"火箭总体方案，王希季带领孔祥言、朱毅麟（当时分别任七机部八院人造卫星和运载火箭总体设计室主任、副主任）等研制人员在调查研究有关资料，分析中国第一颗人造卫星——"东方红1号"卫星对运载火箭的要求以及中国导弹技术和探空火箭技术发展现状后，认为既然在预定的发射时限内没有现成的导弹（从能达到的最大飞行速度来看，至少要比实现航天所需要的速度小2 000~3 000米/秒）可以满足运载卫星的要求，而且中国的导弹研制部门还无力兼顾卫星运载火箭的新要求，只能另辟新途。于是，他们创造性地提出了一个以弹道导弹技术和探空火箭技术相结合，液体火箭和固体火箭相结合，充分利用中国工业和技术基础的体现自主创新精神的"长征1号"火箭总体方案。

"长征1号"火箭是以第七机械工业部第一研究院（简称七机部一院）正在研制的中远程液体导弹（为两级火箭）为基础，加上以第七机械工业部第四研究院（简称七机部四院）准备研制的固体发动机做动力装置和采用自旋方式来稳定飞行的第三级火箭而形成的三级火箭。该火箭起飞质量81.5吨，起飞推力1 020千牛，最大直径2.25米，可把300千克有效载荷送入高度（相对于地面的高度，下同）200千米的圆轨道。"长征1号"火箭的总体方案和采用的技术途径得到上级领导的肯定，并在1966年定稿的中国第一个航天发展规划——《中国人造卫星事业十年（1966—1975）规划》（简称《十年规划》）中得到反映。1966年3月，第七机械工业部组织召开的"长征1号"火箭方案论证会认为："七机部八院提出的总体方案以导弹技术为基础，能充分利用导弹的研制成果，又不影响导弹的研制力量；既能满足'东方红1号'卫星对火箭提出的运载能力的要求，又能满足中央专委批准的在1970年左右进行首次发射的进度指标；在可靠的基础上力求先进，符合国情，比较简单和切实可行。"《十年规划》提出的中国发展空间技术的指导原则，有一条就是针对航天运载火箭讲的。该条原则指明，发射卫星的运载工具，在初期以中远程导弹为基础，进行适当修改或配以专门研制的末级火箭发动机而成，下一步再发展大推力运载工具。

用准备研制、尚未研制的固体发动机做"长征1号"火箭第三级（即末级）的动力装置，王希季既承担着巨大的压力，又有充分的信心。

如前所述（参见第四章第一节），这时七机部四院主管技术的副院长正是王希季的挚友杨南生。为了开拓中国的航天运载火箭技术，王希季和杨南生又走到了一起。当王希季恳请七机部四院承担"长征1号"火箭第三级动力装置研制任务时，杨南生代表七机部四院毫不犹豫地答应下来。在杨南生的主持下，该发动机于1965年年底开始方案论证，1967年4月开始热试车，到1970年1月共进行了包括立式、卧式和模拟高空工作条件、旋转状态等工况的19次热试车，攻克了发动机壳体成型、药柱脱黏、氧化铝沉积等技术难关，使产品达到可交付使用的状态。

在1967年11月七机部八院根据国防科委作出的国防科研任务分工的原则和决定，将"长征1号"火箭总体研制工作转交给七机部一院由任新民（时任七机部一院技术副院长）领导进行时，王希季已带领研制人员完成了总体方案设计，攻克了末级火箭的起旋方案、火箭飞行程序设计等关键技术问题，完成了末级火箭的技术设计和计算工作，使"长征1号"火箭从方案研制阶段转入初样研制阶段，为该火箭的最后研制成功奠定了坚实的基础。

七机部八院虽然自1967年11月以来，不再负责"长征1号"火箭的总体研制任务，但仍继续开展该火箭的一个关键系统——滑行段姿态控制系统的研制和负责进行该火箭的一项关键技术——末级发动机点火系统的高空性能试验（参见第五章第二节），还承接了末级火箭观测裙的研制工作。

1967年先后主持"长征1号"火箭研制的王希季、任新民（左一）在型号研制现场

从提高运载能力出发，"长征1号"火箭在第二子级发动机熄火后、第三子级（末级）发动机点火之前（即二、三级动力飞行段

之间），有一个 200 多秒的无动力滑行段。为了消除滑行中受到的干扰，控制处于失重状态并有剩余液体推进剂的第二级火箭，必须在火箭上设置一个滑行段姿态控制系统。束志业（时为七机部八院姿态控制研制队伍中的技术骨干）等研制人员按简单实用的原则，提出了以第二级火箭的惯性器件做敏感元件，用高压氮气喷射作为姿态调节动力的滑行段姿态控制方案。地面模拟试验表明，该方案能保证火箭在滑行段飞行稳定。在研制过程中，研制人员向王希季咨询如何看待贮箱中剩余的液体推进剂在微重力状态下晃动对火箭姿态的影响。他认为，呈雾状的推进剂所产生的晃动不见得会对火箭的稳定飞行造成大的影响。飞行试验表明，王希季的这种意见是正确的。

末级火箭观测裙，是为了实现"东方红 1 号"卫星能被"看得见"的任务要求研制的，是在"长征 1 号"火箭已完成方案设计后才增加的项目。当"长征 1 号"末级火箭将"东方红 1 号"卫星送入轨道并与卫星分离后，它将跟随卫星在一条相近的轨道上运

中国第一颗人造卫星——"东方红 1 号"卫星的外形

行一段时间。沿轨道运行的"东方红 1 号"卫星和"长征 1 号"末级火箭在夜空中的亮度大致相当于 5~8 等星的亮度（星的视亮度用星的等级表示，星的等级越大表示星的亮度越小或越暗，人的肉眼刚好能看见的星为 6 等星）。为了便于人们观察，承担"东方红 1 号"卫星总体设计任务的北京空间飞行器总体设计部向七机部八院提出了在"长征 1 号"末级火箭上增加观测裙的研制任务，以便将末级火箭在夜空中的亮度提高到 2~3 等星的亮度。如何在火箭方案已定、允许增加的重量又极为有限的情况下研制出观测裙，研制人员在王希季的指导和史日耀（时任七机部八院回收室技术负责人）的带领下，经调研后决定采用镀铝的、耐高温的、新试制成的聚酰亚胺布来制造一个裙体，这个裙体在星箭分离前一直捆牢在末级火箭箭体上、在星箭分离后可借箭体自旋和

王希季和当年研制者参加纪念"东方红1号"卫星发射成功35周年活动

进行弹射自行展开,并根据末级火箭的状况设计了一套裙体弹射、张开机构。初样产品加工出来后,发现其重量超过设计指标。经"三结合"(指领导干部与设计人员、加工人员相结合,是当时流行的一种攻关方式)进行分析后,对导致观测裙超重的三个主要部件——导向杆、裙包环和大弹簧中的前两个部件进行了重新设计并对加工工艺做了多项改进,将最后一个用于弹射、重量又减不下来的大弹簧部件去掉,改用高压气体弹射方案。由此,保证了在"东方红1号"卫星发射成功后,人们可以从清晰地看到"长征1号"末级火箭在夜空中飞行的身影,间接地"看到""东方红1号"卫星的运行轨迹。对此,报刊上一般声称"看得见"卫星的踪迹。

1970年4月24日,"长征1号"火箭在酒泉卫星发射中心进行的首次发射中,成功地将质量172.8千克的"东方红1号"卫星送入近地点高度439千米、远地点高度2 384千米和倾角(轨道平面与地球赤道平面的夹角)68.5°的环绕地球运行的轨道。4月25日20时29分"东方红1号"卫星和"长征1号"末级火箭飞经北京地区上空时,王希季目睹观测裙反射太阳光而形成的亮点在苍穹中快速移动,心中久久不能平静,耳边回荡着激动的声音:中国终于成为了航天国家!中华民族的飞天梦终于首次得以实现!

中国的第一种卫星运载火箭——"长征1号"火箭首次发射就将中国的第一颗卫星——"东方红1号"卫星送上太空,使中国成为继苏联、美国、法国和日本之后世界上第五个拥有人造卫星和航天运载火箭的国家。王希季深知这样的成功来之不易，深感为获取这一胜利而付出巨大心血十分值得。

二、用探空火箭为卫星运载火箭做试验

"长征1号"末级火箭采用自旋稳定。它在与"长征1号"第二子级火箭分离后，既要启动起旋小发动机使火箭在空中自转以保证飞行稳定，又要启动主发动机为火箭飞行提供动力。这样"长征1号"末级火箭的固体主发动机以及用于使箭体自旋的固体小发动机的高空点火问题，就成为能否保证"东方红1号"卫星发射成功的一项关键技术。

为解决"长征1号"末级主发动机高空点火问题，王希季与杨南生多次商讨，认为在没有高空试车台的情况下，只有用T-7A火箭将该发动机的点火系统运送到高空进行点火试验的方案现实可行。为此，王希季于1967年5月开始，带领七机部八院的研制人员将T-7A火箭运载系统发展成用于进行"长征1号"末级火箭主发动机点火系统高空性能试验的"探空7号甲研究Ⅴ型"[代号T-7A（Y_5）]火箭试验系统。

T-7A（Y_5）火箭试验系统中的火箭——T-7A（Y_5）火箭由T-7A火箭的助推发动机和主发动机加上GF-01A固体发动机（直径286毫米，由七机部四院负责研制）与箭头等组成。箭头的头锥部分装有"长征1号"末级火箭主发动机点火用的小发动机，箭头的圆柱段部分装有"长征1号"末级火箭起旋小发动机。T-7A（Y_5）火箭起飞质量为1 345千克（其中，末级火箭226千克），在海拔1千米的场地以接近于与地面垂直的状态发射时最大升高260千米（理论值）。该火箭不要求回收箭头。

T-7A（Y_5）火箭是中国第一种自行研制成功的三级火箭。为了使火箭飞行稳定、达到预定高度、减小弹道散布和获得试验数据，研制人员决定对第三级火箭采用主要靠火箭自旋来稳定飞行的方案，并自行研制了晶体管化的遥测设备，使该火箭有别于中国的其他探空火箭。对此火箭，王希季当年说过："T-7A（Y_5）火箭不是T-7A火箭简单的改装，而是由3台主发动机（固体发动机＋液体发动机＋固体发动机）串联

而成，采用尾翼稳定和自旋稳定相结合，通过遥测获取数据的一种技术较复杂的新型探空火箭。"

T-7A（Y_5）火箭试验系统于1968年8月在酒泉卫星发射中心探空火箭发射场进行了两次飞行试验，火箭发射装置采用1966年安装在发射场上的T-7A螺旋导轨发射架（长度16米，火箭沿螺旋形导轨运动能在出架前获得每秒2圈的自转速度）。在这两次飞行试验中，各试验小发动机的工作均正常；有一枚火箭的最大升高达到311千米，其创造的中国探空火箭飞行升限的纪录直至2016年6月才被打破（参见第四章第七节）。这表明，在王希季的带领下，中国火箭探空战线已经实现了毛泽东主席在1960年提出的中国火箭探空"应该8公里、20公里、200公里地搞上去"的期望。

三、探索中国小型卫星运载火箭发展途径

1978年年初，七机部根据当时中国计划于1980年发射观测太阳的天文卫星、1983年发射地球资源卫星，决定恢复和改进"长征1号"运载火箭，并把这项任务交给王希季任所长的北京空间机电研究所承担。后来，这个"长征1号"火箭的改进型被称为"长征1号丙"火箭。

王希季接到"长征1号丙"火箭总体研制任务后，带领研制人员于1978年7月就提出了以中远程导弹的遥测弹为基础、加上改进型的固体发动机组成三级运载火箭的方案设想。该方案火箭的各级质量分配比较合理，近地低轨道的运载能力（以运载的卫星质量表示）比"长征1号"火箭相应的运载能力大50%。当年8月召开的国防科委规划座谈会研究了"长征1号丙"火箭。会议认为，从长远看，发射小型、近地低轨道的卫星需要"长征1号"类型的（小型卫星运载）火箭；但鉴于中远程导弹，特别是其控制系统近期还不可能提供（给卫星）运载火箭使用，从缩短战线出发，这类火箭要待中远程导弹可以提供使用时再考虑研制。

为充分利用导弹的技术基础，避开导弹研制的短线，王希季和研制人员一起于1978年11月提出了由北京空间机电研究所负责研制一种适应性强、用途多并且具有控制功能的通用末级火箭（也称上面级火箭），并由通用末级火箭与中远程导弹的推进剂贮箱、弹体结构和发动机来组成二级或三级火箭，用以发射近地低轨道小型卫星的建议。由此，形成了"长征1号丙"火箭的总体方案。

拟研制的通用末级火箭采用具有二次启动和双向摆动能力的常规液体推进剂发动机做动力装置。箭体直径1.8米，推进剂贮箱的共底（装燃烧剂的上贮箱底面，也是装氧化剂的下贮箱顶面）采用下凹、整体成型的方案，控制系统采用三轴稳定平台——计算机惯性制导（利用安装在三轴稳定平台上的惯性器件测量惯性效应，通过计算机运算形成制导和控制指令，是20世纪60年代才开始形成的技术）方案。其性能相当于美国阿金纳号中小型卫星运载火箭的通用末级火箭水平。用这种通用末级火箭组成的两级火箭可以将300千克的卫星送入高度500千米的圆轨道，用这种通用末级火箭组成的三级火箭可以将500千克的卫星送入高度500千米的圆轨道。这两种火箭还可用于进行计划研制的远程弹道式导弹全尺寸弹头的再入飞行试验。

1979年12月，七机部组织召开的"长征1号丙"火箭方案论证会通过了火箭方案，并认为"长征1号丙"火箭有必要研制，采用通用末级火箭的想法可取。

1980—1982年，根据使用单位对运载能力和再入模拟量提出的新要求，"长征1号丙"火箭的研制人员对三级火箭方案做了进一步调整，并按三级火箭方案进行了方案设计。

1982年11月，已调任中国空间技术研究院副院长，并兼任七机部总工程师的王希季，主持召开了七机部组织的"长征1号丙"火箭方案审定会。会议审查、通过了"长征1号丙"火箭方案，建议在解决了方案研制阶段遗留的几个技术问题并在研制任务得到国防科学技术工业委员会批准后，将"长征1号丙"火箭的研制工作从1983年下半年转入初样研制阶段。

此后，在王希季指导和宋忠保（时任北京空间机电研究所所长、"长征1号丙"火箭总设计师）、钱振业（时任北京空间机电研究所副所长、"长征1号丙"火箭副总设计师）带领下，研制人员经过奋力攻关，于1984年年底已完成了该火箭的各项理论分析计算和模装、振动箭的总装，解决了末级火箭双摆发动机的热试车、平台—计算机研制、一子级和二子级发动机推进剂输送系统中的泵入口压力降低、末级火箭推进剂贮箱共底爆炸成型工艺等方面的难题，做好了火箭转入初样研制阶段的各项准备。尽管如此，"长征1号丙"火箭最终还是因国防科研任务调整，原拟使用的项目撤销，于1985年被停止研制。对此，王希季多次直言不讳地表示反对，认为这是中国航天运载火箭事业的损失，其后果会越来越清楚地显示出来。

王希季为何这样讲，让我们来看一看中国航天运载火箭的状况。截至"长征1号丙"火箭被终止研制的1985年，中国已研制成功的运载火箭除了"长征1号"火箭外，还有"风暴1号"（1975年7月首次发射成功，是一种未用长征命名的"长征2号"型火箭）、"长征2号"（1975年11月首次发射成功）、"长征2号丙"（1982年9月成功地进行了首次发射）两级火箭和"长征3号"（1984年4月首次发射成功）三级火箭。其中，"长征1号"火箭用于发射近地低轨道小型卫星，"风暴1号""长征2号"和"长征2号丙"火箭用于发射近地低轨道中型卫星，"长征3号"火箭用于把中型地球静止轨道卫星送入地球同步转移轨道（连接近地低轨道和地球静止轨道之间的转移轨道）。这就是说，自"长征1号"火箭于1971年完成它的历史使命以来，理应把"风暴1号"火箭包括在内的中国长征系列运载火箭中已多年没有可供专用于发射近地低轨道小型卫星的运载火箭。据有关资料，在1972—2014年，中国使用的长征系列运载火箭均是以"东风5号"远程火箭（导弹，使用可在常温下储存的四氧化二氮和偏二甲肼这种具有毒性的常规推进剂为基础研制发展而成）中型液体火箭，有三个分系列：一是LEO（近地低轨道，特指高度200千米、倾角63°的圆轨道）运载能力为1 500~8 000千克的长征2号系列火箭（包括"风暴1号"火箭）；二是 GTO（地球同步转移轨道，特指近地点高度 200 千米、远地点高度 35 786 千米、倾角 28.5° 的椭圆轨道）运载能力为 1 500~5 100 千克的"长征 3 号"分系列火箭；三是 SSO（太阳同步轨道，特指高度 900 千米的圆形太阳同步轨道）运载能力为 1 500~2 800 千克的"长征 4 号"分系列火箭；此外还有"风暴 1 号"火箭。由于"长征 4 号甲"火箭是在"风暴 1 号"火箭的基础上增加使用常规推进剂的第三级而成的串联式三级火箭，故在一些航天专著中，把"风暴 1 号"火箭纳入"长征 4 号"分系列火箭中（也有论文把其纳入"长征 2 号"分系列火箭中）。考虑到自 20 世纪 90 年代以来，在统计长征系列运载火箭实施的航天发射次数（或进行的航天飞行次数）时，中国航天界乃至新闻界一般都把"风暴 1 号火箭发射记录"不计入长征（系列）火箭发射历史。故下面不拟采用长征系列火箭的提法，而是用以"长征"命名的各型火箭代之。虽然，在上述时间内，中国的大多数近地低轨道小型卫星，或借发射中型卫星之便利用长征型号火箭的剩余运载能力搭载发射，或要求长征型号火箭进行适应性改造后发射。但这样做，如同王希季所言"前者会使搭载发射的小型卫星在重量尺寸、发射时间和运行轨道等方面受到限制，后者如同'大马拉小车'，甚不合理。"从航天运载火箭系列配套角度和卫星小型化已成为一种发展趋势来看，中国的近地低轨道小型或轻型卫星运载火箭的再度出现很有必要。近十年来，王希季一直期待中国航天运载火箭研发的主要负责单位——中国航天科技集团公司，在大力推进近地低轨道运载能力达 25 吨级的大型液体型航天运载火箭——"长征 5 号"火箭研发的同时，在近地低轨道小型液体型运载火箭的研发方面有所进展。另外，他对中国固体型航天运载火箭的早日问世也寄以希望。他认为，早在研制"长征 1 号"火箭时，中国就利用了刚刚在国内起步研制的复合型装药固体火箭发动机，在随后的 40 多年里，中国固体运载火箭技术领域取得的进步，业已为中国突破固体型航天运载火箭技术奠定了坚实的基础。2013—2016 年，王希季的这些愿望，开始成为现实。2013 年 9 月 25 日，中国航天科工集团公司负责研制的"快舟"号小型固体运载火箭成功地将主要用于各类灾害监测和抢险救灾信息支持的"快舟1号"小型卫星送入预定轨道。2015年9月20日,中国航天科技集团公司负责研制的"长征6号"小型液体运载火箭(其基础级采用绿色环保的液氧煤油发动机)进行了第一次发射,成功地将20颗微小卫星送入太空运行。紧接着,即2015年9月25日,中国航天科技集团公司负责研制的"长征11号"小型固体运载火箭(高度700千米的太阳同步轨道的运载能力为350千克)在首次发射中,成功地将4颗微小卫星送入预定太空轨道,使中国以"长征"命名的航天运载火箭家族中新增了固体型火箭。2016年6月25日,中国航天科技集团公司负责研制的"长征7号"液体运载火箭的首次发射获得圆满成功。"长征7号"火箭是为满足中国载人空间站工程发射货运飞船和未来载人运载火箭更新换代的长远需求,新研制的新一代高可靠、高安全的中型液体火箭。该火箭为捆绑助推器的串联式两级火箭,起飞质量597吨,运载能力13.5(LED)或5.5吨(SSO)达到国际同类火箭先进水平,动力系统全部采用无毒无污染的液氧(沸点温度$-183℃$)和航空煤油为推进剂。2016年11月3日,中国航天科技集团公司负责研制的大型航天运载火箭——"长征5号"火箭圆满地完成了首次飞行试验任务(参见第十章第七节)。

王希季曾于1967年之前负责进行开创的中国航天运载事业,经过后继各研发单位的不懈努力,业已取得众多的举世瞩目成就,并为建设航天强国的目标系统规划出中国航天运输系统的能力建设前景和发展蓝图。概略地讲,中国已于2014年成为世界上用本国航天运载火箭实现航天发射(包括对外商务发射)超过200次的国家,于2016年成为世界上少数几个具有研制、发射大型航天运输火箭能力的国家。据统计,截至2017年12月,中国航天运载火箭实施的航天发射次数(或进行的航天飞行次数)达到276次(或275次)。其中,以"长征"命名的各型火箭实施的航天发射次数为261次(包括1992年3月22日"长征2号戊"火箭点火异常、紧急关机的那次"失利"未进行飞行的发射),进行了航天飞行的次数为260次,"风暴1号"火箭和"开拓者"系列、"快舟"系列固体火箭实施的航天发射次数分别为8次(1973—1981年进行）和4次（2002—2005年3次，2017年1次）、3次（2013年、2014年、2017年各1次）。2017年11月16日，中国运载火箭技术研究院在第一届中国航天运输系统论坛上，发布了《2017—2045年（中国）航天运输系统发展路线图》。该研究院的这份学术成果描绘出中国航天运输系统的发展前景主要有：到2020年，长征系列主流运载火箭达到国际一流水平，同时面向全球提供多样化的商业发射服务，其中低成本的"长征8号"中型液体运载火箭实现首飞；在2025年前后，可重复使用的亚轨道（弹道顶点高度在20~100千米）运载器研制成功，亚轨道太空旅游成为可能；到2030年前后，重型运载火箭（箭体直径达10米，低轨道运载能力达百吨级）实现首飞，为载人登月提供强大支持，并为火星采样返回提供充足的运载能力；2035年左右，运载火箭实现完全重复使用，以智能化和先进动力为特点的未来一代运载火箭投入使用，组合动力两级重复使用运载器研制成功；到2045年，进出太空和空间运输方式将出现颠覆性变革，天梯、地球车站、太空驿站的建设有望成为现实。

第六章

卫星返回创奇迹

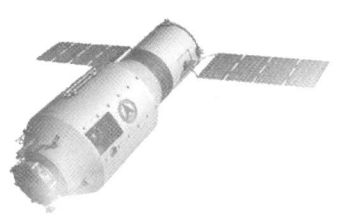

返回式遥感卫星（即返回式对地观测卫星）是指在环绕地球的运行轨道上完成对地观测任务后，要将装有对地观测成果的载体所在的舱体（卫星整体或其中的一部分，统称返回舱）返回地面的一类卫星。

在中国研制发射的各类卫星中，返回式遥感卫星是研制起步较早的一类卫星，更是中国各类应用卫星中最先发展、率先进入实用阶段和达到世界先进水平的一类卫星。1986年10月，任新民（时任航天工业部副部长兼科技委主任）在中国空间技术研究院组织召开的一次讲座会上讲到他最近访问欧洲的观感时说："欧洲的航天界人士认为中国空间技术有两件事了不起，一件是独立自主研制出液氢、液氧做推进剂的发动机，另一件就是独立自主研制出返回式卫星。"在中国这样一个经济基础薄弱、科学技术落后的发展中国家，于20世纪60—70年代就创造出既敢叫卫星上天、又能使卫星返回的业绩，不能不说是一个奇迹。在创造这奇迹的征途中，王希季做出了创造性的突出贡献。截至2005年8月，中国业已完成了计划中的返回式遥感卫星的发展工作，共由中国空间技术研究院负责研制成功了六种返回式遥感卫星——返回式0型试验遥感卫星、返回式0型实用遥感卫星、返回式Ⅰ型遥感卫星、返回式Ⅱ型遥感卫星和新型返回式Ⅰ型遥感卫星（或称返回式Ⅲ型遥感卫星，2003年11月首次发射）、新型返回式Ⅱ型遥感卫星（或称返回式Ⅳ型遥感卫星，2004年8月首次发射）。这六种卫星的总体设计方案，除最后两种新型返回式遥感卫星外其余四种都是在王希季的主持下提出和完成的。他在负责返回式0型实用遥感卫星研制之时，还揭开了中国卫星为国民经济建设和太空微重力科学实验服务的序幕。

在其他卫星领域，王希季作为中国空间技术研究院现代小卫星第一任首席专家，在研究院（含所属单位）负责进行的"实践5号"卫星和"海洋1号"卫星以及其他小卫星的研制中发挥了重要作用；作为地球空间双星探测工程系统总设计师，为这一探测计划的顺利实施做出了很大贡献（参见第十章第二节）。

一、研制返回式遥感卫星是一项难度大的航天工程

研制返回式遥感卫星是一项比研制"东方红1号"卫星要困难和复杂得多的任务。"东方红1号"卫星只是一颗技术较简单的不需返回地面的小卫星,主要任务最初定为进行空间物理探测,"文化大革命"中于1967年被改成播放《东方红》乐曲,以便全世界都能收听到中国卫星从太空奏响的歌颂毛泽东主席的乐曲。而返回式遥感卫星则是一种用航天相机进行对地摄影并需使储存对地观测成果的载体返回地面的技术很复杂的卫星,需要突破航天可见光摄影(照相)和卫星返回等方面的一系列关键技术难题。因此,王希季认为,我国航天从"东方红1号"卫星到返回式遥感卫星的发展不是渐进性的,而是阶跃式(跨越式)的。

返回式遥感卫星要能从太空轨道上远距离地获取到清晰的地物图像,需在卫星上装载高灵敏度、高可靠性、能获取高分辨率图像的地物相机(用于对地面目标进行拍照的相机),还必须使相机的镜头准确地指向地面目标。为此,必须突破高难度的航天可见光摄影技术和卫星三轴稳定姿态控制技术。

返回式遥感卫星获取的地物图像必须返回地面才能为社会服务。为此,相机的感光元件——胶片,在照相前要密封贮存,在照相时要能可靠地通过暗道输送到镜头内,在照相后还要通过暗道输送到位于返回舱内的回收片盒密封贮存起来,以便能随返回舱一同返回地面。在卫星内部的有限空间中,胶片的密封存贮、顺利输送不是一项轻而易举之事。

返回式遥感卫星的返回舱从太空向地面返回需要经历如下的复杂过程。

第一步,卫星调姿。在卫星完成了预定的航天摄影任务,需要返回前,要进行姿态调整(即调姿),即由卫星的姿态控制系统将卫星的飞行姿态从头部朝前转到底部朝前,使制动火箭发动机的喷管出口指向卫星运动的前上方(即要使卫星转100多度),并使卫星在这种姿态下保

持稳定。为此，必须解决卫星返回前俯仰姿态大范围调整的问题。

第二步，返回舱离轨。调姿结束后，用分离火箭发动机将返回舱与不需返回的其他舱段分离，并用自旋火箭发动机使返回舱自旋。高速自旋的返回舱具有保持空间指向稳定的能力。而后，令制动火箭发动机点火工作。在制动火箭发动机产生的向下方倾斜，且与运行方向相背的推力作用下，返回舱获得了一个能使其速度（相对于地心的运动速度）数值略有减小、速度方向稍许向下改变的附加速度。由此，返回舱就脱离了原来的运行轨道（即离轨），转入一条能进入地球稠密大气层的过渡轨道。为此，必须要求制动火箭发动机按时点火，工作正常。

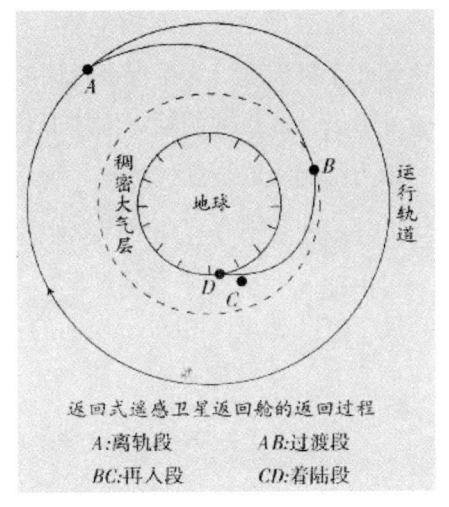

返回式遥感卫星返回舱的返回过程

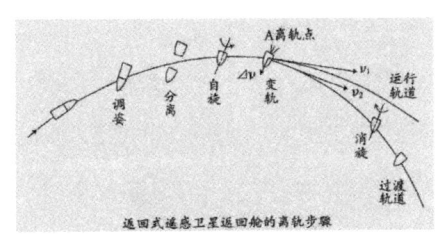

返回式遥感卫星返回舱的离轨步骤

第三步，返回舱再入。制动火箭发动机熄火后，返回舱在地球引力的作用下沿过渡轨道自由下降，在距地面约100千米的高度进入（由于返回舱先穿过地球稠密大气层进入太空，因此一般把它从太空进入地球稠密大气层称为再入）地球稠密大气层。在沿过渡轨道飞行时，还要用消旋火箭发动机来消除返回舱的自旋速度，使其失去在空间的定向能力，以保证返回舱再入地球稠密大气层后能借助于本身的气动稳定性恢复到头部朝前的飞行姿态。

返回舱以每秒约7千米的速度再入地球稠密大气层后，在大气阻力作用下急剧减速。与此同时，返回舱迎风面附近的大气质点受到强烈压缩，温度显著升高（甚至可达上万摄氏度）。高温大气质点与高速运动的返回舱表面之间的摩擦生热（气动加热），可使返回舱迎风面的温度达到几千摄氏度。为了保证返回舱不致被气动加热烧毁，除了要将返回舱外形设计成粗钝的轴对称体形状以减少气动加热外，还必须对返回舱的承力结构采取烧蚀式防热（利用烧蚀材料的汽化带走大量热量）等防热措施，即必须有效地解决返回舱的再入防热问题。

第四步，返回舱着陆回收。返回舱在地球稠密大气层中飞行，随高度下降、速度（相对于地面的速度）减小，其飞行轨迹逐步转向与地面垂直。在返回舱着陆前，如不采取进一步减速措施，它将以相对于着陆点的每秒60~90米的速度撞到地面而毁坏。为此，必须采用降落伞等装置使其相对于着陆点的着陆速度达到每秒10米左右甚至更低。为了便于回收到着陆后的返回舱，需要采用信标机等装置来协助回收人员进行搜索定位。即必须有效地解决返回舱的软着陆和标位寻找问题。

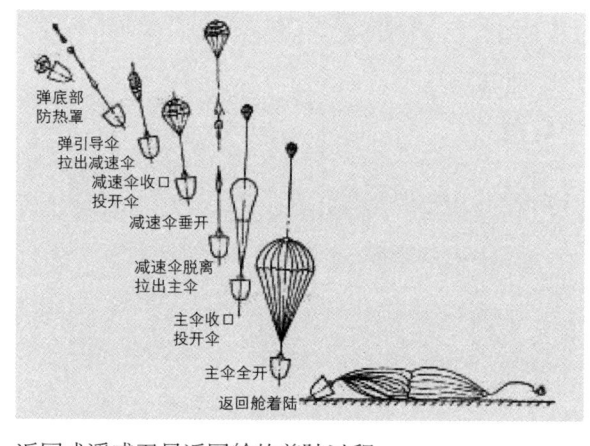

返回式遥感卫星返回舱的着陆过程

在世界各航天国家中，中国是第三个掌握航天摄影和卫星返回这两项高难度技术的国家。王希季领导开拓和发展的中国返回式遥感卫星，成为中国空间技术于20世纪80年代中期就跻身于世界先进行列的重要因素。

二、力主采用回收大容积返回舱的方案

1965年起草、1966年定稿的中国第一个航天发展规划——《中国人造卫星事业10年（1966—1975）规划》提出的中国发展空间技术的

指导原则中有几条是针对人造卫星讲的。这几条原则指明，中国发展空间技术要以我为主，走自己的路；要根据中国的需要来确定卫星种类，根据中国的特定条件来确定技术途径，以解决中国的需要为标准来衡量赶超（世界先进水平）；人造卫星要采取由易到难、由低到高、循序渐进、逐步发展的方针，首先以科学技术试验卫星开路，取得经验；其次发展以返回式卫星为重点的应用卫星系列。与此同期，1965年10月召开的"东方红1号"卫星方案论证会也建议，在"东方红1号"卫星发射成功后的较短时间内发射返回式卫星。在这种背景下，1966年年初，国防科委根据中国空间技术的发展状况和有关方面对卫星的需求，决定先研制以进行可见光摄影和卫星返回技术试验为主要任务的返回式卫星，并把该项任务交第七机械工业部承担。此后不久，七机部把这项任务安排给王希季任总工程师的七机部八院。这种卫星就是返回式0型试验遥感卫星。

如第六章第一节所述，研制返回式遥感卫星，试验航天摄影和卫星返回技术，要遇到航天相机研制、胶片密封贮存、卫星姿态调整、返回舱制动变轨、返回舱再入防热、返回舱安全着陆等方面的难题。这些难题的每一个都关系到返回式遥感卫星能否获取到对地观测资料。一旦相机出现故障，卫星就成为睁眼瞎，无法观测地物。一旦密封不当，胶片就会曝光变得一片漆黑，对地摄影的图像也就消失殆尽。一旦调姿有误或制动失灵，返回舱就不能转入向地面返回的轨道，甚至还会上升到一条高度更高的轨道上去，使返回计划无法实现。即便调姿正确，制动可靠，返回舱已从茫茫太空向地面下降，但若防热失效，降落伞没有打开或被撕破，返回舱也将被焚烧成灰烬或被摔得粉身碎骨。

面对如此艰巨的任务和众多崭新的课题，王希季带领吴开林（时为七机部八院人造卫星和运载火箭总体设计室工程组组长）等研制人员，根据中国是一个科学和技术落后、工业基础薄弱的发展中国家，中国的人造卫星事业刚刚步入工程研制时期又得不到国外技术帮助等外部大环境条件，提出了一个技术比较先进、靠本国自己的力量可以实现、发展潜力大的返回式0型试验遥感卫星总体方案。

可以说，返回式0型试验遥感卫星总体方案的论证过程是王希季后来经系统总结提出的工程设计原理和卫星设计原理（参见第九章第三节）的初次实践。

返回式0型试验遥感卫星是中国的第一种以回收方式获取对地观测资料的卫星普查系统的天基（即位于太空的）部分，是这种卫星普查系统的核心。毫无疑问，发展这种卫星普查系统必须研制返回式遥感卫星。但是，返回式遥感卫星需要用运载火箭从发射场发射并送入预定的轨道，需要地面测控网站对其轨道运行和工作情况进行跟踪、遥测和遥控，卫星在轨道上获取的对地遥感信息需在地面回收，并经处理后才能发挥效用。正如王希季在1966年5月召开的中国人造卫星规划预备会上所说："建成一个卫星普查系统，需要卫星和运载火箭、发射场、测控网站、成果处理等分系统紧密配合，或者叫作合拍（协调一致），合拍了就能相互支持，相互促进，共同发展。"

在返回式0型试验遥感卫星总体方案论证阶段，中国尚未研制出适合发射这种卫星的运载火箭，只能以正在进行总体方案论证的远程弹道导弹为基础来制订运载火箭的方案。当时，可供选用的发射场也只有正在建造的酒泉卫星发射中心，且只能朝东南方向发射；正在建造的测控网站尚需按返回式卫星测控和返回的要求，做适当扩建和增建；卫星回收场从技术和政治等因素考虑，只能在中国内陆地区选择。上述这些，都是论证返回式0型试验遥感卫星总体方案所面临的外部工程环境，是需要卫星与各同级系统相协调后加以明确的首要问题。按王希季的工程设计学理论，一项复杂工程的设计只有在进行并完成了外部设计的前提下，才能顺利地进行下去。为此，王希季和研制人员一起，从保证该卫星普查系统（或称为返回式卫星遥感工程系统）整体功能的实现和力求其整体最佳的角度，尽力做好卫星与各同级系统之间的技术协调，使它们相互匹配，从而使返回式0型试验遥感卫星总体方案论证建立在比较扎实的基础上。

在通过上述这些属于外部设计的工作，明确了返回式0型试验遥感卫星所处的外部工程等环境和应达到的设计要求后，他们又从力求返回式0型试验遥感卫星整体功能优化出发,对卫星的有效载荷、构形布局和信息载体的回收方式等影响总体方案的内容进行了综合选优,最终形成了返回式0型试验遥感卫星总体方案。该方案的卫星以三轴稳定对地心定向的姿态沿近地低轨道运行,用一台棱镜扫描式相机作为对地观测的相机(地物相机)并在地物相机拍照的同时用一台恒星相机对天空摄影(所拍摄的星图用于事后校正对地摄影时刻的卫星姿态误差),只回收容积大的以弹道式再入方式(返回舱在再入地球稠密大气层中运动时受到的气动力只有阻力,由此其再入运动轨迹类同炮弹弹头的下降弹道,为一种较简单的再入方式)返回地面的返回舱。

返回式0型试验遥感卫星的外形为半锥角10°的羽毛球状球冠与圆锥台组合体,底部最大直径2.2米,总长度约3.1米,起飞质量1 800千克,卫星在轨飞行时间3天,姿态控制系统采用一种以红外地球敏感器和两自由度陀螺作为姿态测量元件的主动式三轴稳定控制系统。卫星分为设备舱和返回舱两部分,在轨完成预定任务后,设备舱与返回舱分离,分离后的设备舱(也可称为轨道舱)继续在轨道上运行。

上述这个经国防科委于1967年9月组织召开的方案论证会认可、并在会后做了完善的返回式0型试验遥感卫星总体方案,既借鉴了国外已有的返回式遥感卫星的合理成分,又充分考虑了当时国内的技术基础,正确地处理了先进性、可行性和可继续发展的关系。因此,在以后的各个研制阶段,返回式0型试验遥感卫星从总体到各分系统的方案虽根据出现的新情况做了进一步的改进和完善,但没有出现整体性的反复。

王希季在一篇有关中国航天自主创新的文章(已在第五章第一节提到)中写道:"在中国人造卫星事业刚刚步入工程研制的时期,在受到国外严密的技术封锁的情况下,如何提出一个完全依靠本国的力量自主创新,在技术上追赶苏联和美国(当时只有这两个国家成功发射并回收了返回式照相侦察卫星),能适应任务需求又具有发展潜力的返回式卫星遥感工程系统总体方案(指不仅提出返回式遥感卫星的总体方案,还要具体提出与卫星处于同一系统层次的运载火箭、发射场和测控网应达

中国第一种返回式遥感卫星——返回式0型遥感卫星的外形

到的设计指标要求，即进行返回式遥感卫星的外部设计），对于研制人员来讲，确实是一个严重的挑战和难得的机遇……在返回式0型试验遥感卫星的方案提出和其后的研制过程中，自主创新的瞄准点（一直）放在如何更好地实现中国第一种返回式卫星遥感工程系统的功能上，放在使该工程系统有可能适应今后的发展要求上。"

在返回式0型试验遥感卫星总体方案论证过程中，王希季既能发挥技术总负责人的创见性，又善于吸取各方面提出的建设性意见果断决策。例如，返回式0型试验遥感卫星上增设恒星相机就是由王大珩（时任中国科学院院长春光学精密机械研究所所长）提出来的。这样做，能使卫星除了具有原来规定的对地观测功能外，还能具有定位功能（指能确定对地摄影时刻所摄地物目标的位置；由恒星相机配合轨道测量完成）。特别是，王希季决策采用回收大容积返回舱的方案，对返回式遥感卫星后来的发展起到重大作用。

当时，在如何回收信息载体——胶片方面，有3种意见。一种是回收整个卫星，一种是回收装载胶片暗盒的大容积返回舱，一种是弹射回收装胶片的容器。经分析比较，回收整星会给回收系统的研制带来困难，且会导致整星质量的增加（后一点与运载火箭的运载能力不匹配），弹射回收装胶片的容器技术难度大，一时难以实现。最后决定只回收装胶片的舱段，并相应地在卫星构形上把卫星分为返回舱和设备舱两个舱段，返回舱内装载储存照过相的胶片的暗盒，设备舱内装载相机和卫星的服务与支持系统。这种构形布局和回收信息载体的方式，既实现了星上组成相对集中布置，又只需解决返回舱适应返回过程中所遇到的高温和大过载等恶劣环境问题；既满足了回收信息载体的要求以及具有技术相对简单、可资利用和借鉴的技术基础比较扎实等优点，又能在返回舱外形和结构防热方案不变的前提下，仅需对卫星的其他组成做适应性修改或增补，就能适应其他任务的需求，演变成其他型号的返回式遥感卫星。

返回式0型试验遥感卫星总体方案体现了公用舱和公用平台的设计思想。正如林华宝（时任返回式Ⅱ型遥感卫星总设计师）在1994年发表的《王希季与空间返回技术》的论文中认为，在返回式0型试验遥感卫星总体方案论证中，王希季卓有远见地决策采用大容积的返回舱，从而使这种返回舱成为可适用于其他返回式卫星的公用舱，为后来研制返回式Ⅰ型遥感卫星和返回式Ⅱ型遥感卫星时能集中力量去提高卫星的在轨性能和相机的技术水平打下了坚实的基础。又如彭成荣（研究员，时任中国空间技术研究院科技委副主任，曾任北京空间飞行器总体设计部主任）在2002年发表的论述中国航天器总体设计技术进展的文章《满足航天任务需求　致力整体功能最优》中认为，卫星公用平台的思想在中国研制第一种返回式卫星时就已开始形成。

正当返回式0型试验遥感卫星开始进行方案试验之际，1968年3月七机部八院的返回式遥感卫星总体研制队伍调入北京空间飞行器总体设计部。自那时起，至1981年2月王希季任返回式遥感卫星系列总设计师之前，他虽不担任返回式0型试验遥感卫星技术总负责人，但仍密切关注该

大容积返回舱安全返回地面

卫星的研制进展和认真钻研返回式遥感卫星技术，并主持完成了返回式 0 型试验遥感卫星着陆回收系统的研制，负责用探空火箭进行了返回式 0 型试验遥感卫星姿态控制系统和可见光摄影系统有关部件的飞行试验。

1975 年 11 月，返回式 0 型试验遥感卫星产品首次成功地完成了轨道运行和对地摄影任务，并基本上完成了返回舱的返回任务。在这次任务中，地物相机拍摄到清晰的地面照片，返回舱也从太空返回地面。毛泽东主席阅看了这次飞行获得的中国首次从太空拍摄的地物照片。此后，返回式 0 型试验遥感卫星第二颗、第三颗产品又分别于 1976 年 12 月和 1978 年 1 月成功地完成了各自的飞行和返回任务。这表明，中国成为继美国和苏联之后世界上第三个掌握卫星返回技术和航天摄影（光学遥感）技术的国家。

三、突破卫星回收技术

着陆回收系统是返回式 0 型试验遥感卫星的一个重要分系统。该系统工作的好坏，决定了卫星能否最终完成它的任务。由于七机部八院在探空火箭箭头和箭体的回收领域已做出成绩，返回式 0 型试验遥感卫星着陆回收系统的研制任务就于 1968 年落在了王希季任总工程师的该设计院。

由引导伞、减速伞和主伞组成的降落伞系统是返回式 0 型试验遥感卫星着陆回收系统的重要部件，用于增大返回舱在着陆段飞行过程中所受到的气动阻力，以保证返回舱能以安全速度在地面着陆。其主伞的展开面积近 100 平方米，比回收探空火箭箭头或箭体所用主伞的面积大多了。该系统研制过程中遇到的第一个难题是大面积主伞的伞衣强度问题。由于缺乏大型降落伞的设计经验，1970 年 7 月进行第一批次空投（从飞机中投下回收物）试验时，两套全尺寸的空投模型（外形、尺寸和质量、质心位置均与返回舱相同的模型）均因主伞伞衣在开伞过程中被撕破而坠毁。在采取措施增加了伞衣结构的强度后，于同年 10 月进行的第二批次空投试验又因开伞不正常而失败。为此,亲临试验场的王希季组织参试人员进行故障分析,查找试验失败的原因。

在讨论过程中,王希季认为有可能是弹引导伞的弹伞螺栓能量不够,致使引导伞不能超越模型后面的尾流区(模型后部低压、有旋的气流区域),故而不能正常开伞,这种故障在苏联和美国都曾出现过。尽管这种分析颇有见地,研制人员后来也根据这个分析意见于1971年2月把引导伞的弹射开伞方案改为用基于弹射筒原理的能量较大的弹伞器进行弹射的方案,但在当时"文化大革命"的氛围下,还是被闹出了一场"政治风波"。

王希季没有想到,他在故障原因分析会上的发言被汇报给军管会(当时,七机部及其下属单位都处于军事管制状态)时,竟被莫名其妙地误传成"试验虽然失败了,但超过了美帝苏修"。这句荒唐可笑的话,立即被当成了阶级斗争的新动向。待王希季和试验队员一回到北京,便被通知进了"学习班"(当时一种变相的审查形式)。接着,他们被告之,这次试验没有技术问题,是有人故意破坏;王希季之所以说超过了美帝苏修,是因为事前就知道会失败,是在看无产阶级的笑话,必须彻底坦白交代。

"学习班"里笼罩着极大的政治压力。王希季很清楚,这时他只要说一句违心的话,试验队队员就会背上莫须有的罪名。他的为人和个性决定了他不可能这样做,而是坚持实事求是,坚持给军管会和办"学习班"的人讲科学道理。三番五次地逼迫,都被他正气凛然地顶了回去。试验队队员们都在心里暗暗地佩服他的勇气。要不是后来根据试验场提供的高速摄影照片证明试验失败不是人为破坏引起的话,王希季他们还不知要在这个"学习班"里待到什么时候。

在研制返回式0型试验遥感卫星着陆回收系统的一段日子里,王希季对降落伞像着了魔似地钻研起来。他不仅在上班时间多方查阅有关资料,就是休息在家也把他夫人平时用的剪刀、针线、布头一股脑儿地翻了出来,做成小小的降落伞,然后叫他的夫人或子女将小小降落伞从高处放下去,而他则十分投入地观察降落伞飘飘摇摇下落的情景。他还多次去参加着陆回收系统的空投试验。有一次他带领试验队到地处内蒙古自治区的试验场去做空投试验。那时,正是滴水成冰的严冬季节,那里夜间最低温度低于 $-30{}^\circ\!\mathrm{C}$,寒风凛冽,试验场旁的湖面已结成厚厚的一层冰,载重汽车都可以在冰上行驶。王希季和参试人员一起住在一间简陋的平房里,房内只有一张木板床。同志们让他睡木板床,其余的人全睡在用茅草做垫的地铺上。当试验场的指战员得知与参试队员同甘共苦的王希季是一位总工程师和教授时,无不感到惊奇,人人表示敬佩。

其实每一次飞行试验前,都要做一定数量的空投试验,以验证回收系统的安全性和可靠性。同样,每一次空头试验也都不亚于一次飞行试验。空投试验场地基本上都在戈壁沙漠地带或人烟稀少区域,试验条件简陋,生活条件艰苦,但这些对于卫星回收研制队伍来说实在算不得什么,他们最关心的就是还有什么问题要改进,最期盼的就是出自他们之手的产品都是最完美的。

正是在王希季的指导、带领和史日耀(时任七机部八院回收室技术负责人)、林华宝(时任北京空间机电研究所回收室技术负责人)的相继组织领导下,研制人员对返回式 0 型试验遥感卫星着陆回收系统,特别是降落伞在返回过程中的各种可能的工作情况(包括极限情况和超设计情况)进行了多批共 58 架次的空投试验,并通过试验不断改进和完善了设计,使产品于 1974 年年初达到了可交付卫星总装的状态。

在开伞方式上,减速伞和主伞最初是沿用人用伞的方法,先拉伞衣套,后拉直伞绳。这种开伞方式虽在多次空投试验中取得成功,但从高速摄影照片中偶尔也发现伞绳尚未拉直,伞衣套就已脱开的情况。如果伞衣套脱开时,伞衣陷在返回舱的尾流区内,很有可能导致不能开伞。为了克服这一隐患,研制人员将开伞方式先改为半倒拉式开伞,最后又改成全倒拉式开伞,保证了开伞的可靠性。

在回收控制方面,采用具有适应能力强、可靠性高等优点的以"过载—时间"控制为主,以单纯时间控制为辅的方案("过载—时间"控制是在返回舱的飞行过载达到一定值时,舱内的过载开关接通,起动时间控制器，而后由时间控制器依次按预先设定的时间发出各个回收动作信号；单纯时间控制是在返回舱与设备舱分离时启动时间控制器，而后由它按预先设定的时间依次发出各个回收动作信号）。为了使这种控制方案得以实现，研制人员采用随机函数法解决了如何分析返回轨道偏差的问题，选用以实测的返回轨道高度特征量来判断何时发送遥控指令将两种控制并用切换成只用"过载—时间"控制。

在防热罩（位于返回舱底部，用于保护降落伞系统，防止降落伞在再入飞行过程中被烧坏）分离动力学方面，解决了如何确定最小分离速度的问题。返回舱在下降到距地面十几千米高度时，需用弹射筒将其底部的防热罩（含制动火箭发动机壳体）分离掉，以便为降落伞打开出舱通道。如果设计的分离速度太小，防热罩就会跑不出返回舱的尾流区而造成故障；如果设计的分离速度太大，弹射筒的推力就要加大，相应地会使承受弹射力的有关结构重量增加。为此，李颐黎（时为北京空间机电研究所回收室技术骨干）等研制人员对防热罩分离动力学进行了探讨，得到实用的工程计算方法，并根据风洞试验测定的防热罩在返回舱尾流区内的气动数据计算出防热罩必须具有的最小分离速度，为弹射筒的设计提供了依据。

返回式0型试验遥感卫星的着陆回收系统在飞行试验中工作正常。这表明，卫星回收技术在中国取得了首次突破。《当代中国的航天事业》记载了1976年12月7日发射、12月10日返回的返回式0型试验遥感卫星返回舱着陆的情景。

"12月10日中午，在位于四川省内的卫星预定着陆区上空传来一声低沉的轰鸣声（表示返回舱底部防热罩被弹射分离）。有人看见，从西北方向飞来的一个'黑点'，分成了两个。其中，一个黑点（防热罩）一闪一闪地下降得快一些，落在一条公路边；另一个'黑点'（返回舱）后面拖着一具降落伞徐徐下落。最后，返回舱以每秒约14米的速度降落在山坡上的一块菜地里。经乘直升机和汽车赶到现场的回收人员检查，整个返回舱基体结构和内部设备均完好无损。"

在返回式0型试验遥感卫星着陆回收系统的基础上，北京空间机

王希季在北京空间机电研究所成立40周年庆祝会上致贺词

电研究所又在王希季的关心和指导下，截至2016年又相继负责研制成功返回式0型实用遥感卫星、返回式Ⅰ型、Ⅱ型和Ⅲ型、Ⅳ型返回式遥感卫星以及"实践8号"航天育种卫星、"神舟号"飞船、探月飞行试验器再入返回器、"实践10号"返回式微重力卫星的着陆回收系统，回收成功率达到世界先进水平。其中，"神舟号"飞船着陆回收系统的主伞展开面积达到1 200平方米，并采用缓冲火箭发动机使飞船返回舱的着陆速度接近零值。上述成就表明，王希季领导开创的中国航天回收技术达到国际先进水平。

四、用探空火箭为返回式遥感卫星做试验

在返回式0型试验遥感卫星的研制过程中，为了弥补地面试验条件的不足，负责该卫星姿态控制系统研制的单位——中国空间技术研究院北京控制工程研究所和负责该卫星摄影系统研制的单位——6711工程组（相机工程研究所的前身）于1968年分别向七机部八院提出了利用T-7A火箭进行圆锥扫描式红外地球敏感器（为卫星姿态测量部件）、相机胶片高空性能试验的要求。王希季深知进行这些试验对返回式遥感卫星研制成功和取得实效很为必要，义不容辞地领导开展了这项火箭探空工作。

用于进行这项试验的"探空7号甲"研究Ⅵ型[代号T-7A（Y6）]火箭试验系统由T-7A火箭运载系统改制而成，于1968年4月开始研制。

T-7A（Y6）火箭试验系统所用的火箭——T-7A（Y6）火箭由T-7A两级发动机与试验箭头组合而成。该火箭起飞质量（不包括滑块）1 246千克（其中箭头质量137千克），在海拔1千米的场地以接近

于与地面垂直的状态发射时的弹道顶点高度为海拔 111 千米（即最大升高 110 千米，理论值）。箭头内装 2 台红外地球敏感器、2 台 Robot 相机（使用恒星相机用的摄影胶片，对星空摄影）、1 台航甲 11-10 相机（使用地物相机用的摄影胶片，拍摄地面景物）以及遥测系统和回收系统。遥测系统将红外地球敏感器（工作波段为 14~16 微米）测量到的大气中二氧化碳吸收带产生的红外辐射强度和起伏情况（即其输出的扫描地球的方波幅度和方波波形）、摄影光度计测量到的拍照时刻地面景物的亮度等数据通过无线电发给地面。箭头回收系统采用减速钣和减速伞、主降落伞联用的三级减速装置，以保证在箭头最大升高超过 100 千米时能实现对仪器、相机和胶片的可靠回收。为了便于回收人员寻找箭头，箭头内还装有 1 台无线电标位装置。

T-7A（Y6）火箭试验系统于 1969 年 6—7 月在酒泉卫星发射中心探空火箭发射场进行了两次飞行试验。试验中，两枚火箭均飞行正常，实测最大升高 83~85 千米，但第一枚火箭的箭头和箭体落到了距发射场正南 100 千米的巴丹吉林沙漠的西端。为了回收这枚火箭的箭头，王希季和回收人员经历了一段难以忘却、心心相连的艰苦历程。

在直升机发现目标后，试验队组织了以林华宝（时任七机部八院火箭结构设计室副主任）为首、由发射中心人员做向导的一支 20 多人的队伍去回收箭头。作为试验队领导的王希季身先士卒，坚持一定要去参加这次回收工作。由于路途遥远，他们在发射当天的深夜就乘汽车出发，到达硬戈壁滩和软戈壁滩交界的一个场站。第二天清晨 5 时许，回收队伍向沙漠进发。当到达汽车无法再向前开了的地带，需要徒步向初步探明的落点搜索走去之时，林华宝考虑到沙漠内沙丘连绵，凶险莫测，无论如何都不肯让王希季进入。于是，王希季只得留在汽车停放的地点等待他们带来好消息。他从早晨等到中午，从中午等到傍晚，从傍晚等到深夜，仍不见回收队伍回来的身影。按事先约定，他每隔一定时间就发一颗信号弹。起初，他还可以看到回收队伍回应发出的信号弹。快到晚上，就已音信全无。王希季深深为同志们的安全而焦急不安。这时，他真是度时如年，但孤身一人又无别的办法可想，只得不断地按时发信号弹。直到第三天黎明前，当他发出一颗信号弹后，突然看到前方有一颗信号弹在暗空中划出的一道亮光。这时，他喜出望外，又连续发出两颗信号弹，每次都得到了回应。他沉下的一颗心终于又浮了上来，回收队伍总算找到了联络点。过了一段时间，在黎明的曙光中他看到沙丘脊上出现了缓缓移动的一行身影。不一会儿，他看清回收人员一个跟着一个抬着、背着回收物非常吃力地向他走来。他立即招呼大家去喝水。这水还是回收队伍出发前留在汽车里的，还是满满的一桶。原来，尽管沙漠空气干燥，白昼骄阳似火，他守着水桶却未饮一口一滴，把在沙漠中极为珍贵的水留给了大家。看到同志们喝了水后，一下子精神了许多，王希季虽然嘴干唇裂，心中却十分高兴。回收队员见到此情此景，无不深深感动，连声说"王总您也来喝一口水。"

原来，回收队伍深入沙漠后，一边朝初步确定的落点走去，一边进行分散搜索。他们直到17时才发现深深埋在沙土里、只露出尾部的箭体。接着，他们又在一座沙丘上发现了箭头。经过现场检查和分解、处理，当大家抬着装有相机和红外地球敏感器的舱体，背起降落伞开始撤离时，已是20时了。在返回途中，他们迷了路。由于距离远，即使发信号弹也不能和王希季取得联系，他们只得摸索着前进。这时，他们随身带的干粮、饮水早已用尽，脚底也磨出了水泡。到深夜1时，大家已精疲力竭。他们相互鼓励，一定要坚持下去，就是爬也要爬回去。就这样，靠着顽强的毅力，他们上坡爬着走，下坡滑着行，终于在凌晨5时走出了沙漠。听到回收队伍这段艰险的历程，王希季情不自禁地感到，能与这样一支忠于事业、作风过硬、技术精湛、勇于拼搏、敢于登攀、吃苦耐劳的队伍一起为发展中国的空间技术奋斗，是他一生中的幸事。他始终坚信有了这样一支队伍，中国的航天事业一定能够搞上去。

根据遥测数据和回收实物，在T-7A（Y6）火箭试验系统进行的飞行试验中，红外地球敏感器获得了扫描地球的方波信息，航甲10—11相机对地物照相获得了预期效果，但Robot相机对星空摄影因曝光过度而失败。当时认为，对星空摄影曝光过度的原因在于火箭姿态摆动使照星变成了照地，从而使曝光时间长的恒星相机胶片变成漆黑。经过一段相当长的时间后，乌崇德（时为北京相机工程研究所恒星相机主管设计师）等研制人员再次分析这个问题，才发现对星空摄影曝光过度是因为对箭载的 Robot 相机和摄星窗口没有采取防杂光措施所致。据此，他们对返回式 0 型试验遥感卫星恒星相机的镜头和摄星窗口的设计进行了改进，使它们能有效地避开太阳光和降低地气光的影响。返回式 0 型试验遥感卫星的飞行表明，采取消杂光措施的恒星相机能获取到满足要求的星图。

五、创议开展卫星国土普查活动

1981 年 2 月，王希季担任了返回式遥感卫星系列总设计师。此后一段时间，他承担的任务主要有以下 3 项：一是在孔祥才（时任北京空间飞行器总体设计部副主任）、吴开林（时任北京空间飞行器总体设计部室主任）的协助下，巩固返回式 0 型试验遥感卫星已取得的成果，使返回式 0 型实用遥感卫星更好地满足使用要求；二是推广返回式 0 型遥感卫星平台的应用，进行返回式 I 型遥感卫星方案论证和方案设计；三是进行返回式 II 型遥感卫星方案论证。

返回式 0 型试验遥感卫星研制成功，实现了中国在卫星返回技术和航天摄影技术领域的突破。但是，返回式 0 型试验遥感卫星每颗卫星在轨道运行的时间只有 3 天。因此，它在每次轨道飞行中所能获取的对地遥感资料从地域上来讲有局限性。为此，中国空间技术研究院于 1977 年开始进行返回式 0 型实用遥感卫星的方案论证。

返回式 0 型实用遥感卫星是实用型卫星，按不折不扣地满足用户的要求进行设计。它与返回式 0 型试验遥感卫星这种试验型卫星的主要不同处包括以下几种。

卫星轨道运行时间由 3 天改为 5 天，只要发射一颗卫星就能获取到整个预定地域的图像。

星上增加一台 CCD（电荷耦合器件）相机，试验传输型对地观测

返回式遥感卫星在总装

卫星上使用的光电遥感传输技术。

此外，返回式0型实用遥感卫星还可根据使用的运载火箭运载能力的增长和星内可提供的使用空间，承接搭载任务，以推进空间科学技术的发展。

返回式0型实用遥感卫星以返回式0型试验遥感卫星为基础进行研制，没有专门研制一颗用于在地面进行振动、噪声、冲击、热真空环境试验的正检星（正样检测星）。如果按具有正检星的返回式0型试验遥感卫星对发射星（用于发射的卫星）不再进行地面环境试验的研制惯例，返回式0型实用遥感卫星的产品总装各个环节的质量情况就得不到检验。为此，作为总设计师的王希季力主发射星应经振动试验考察合格后方可出厂，执行飞行任务。他组织设计师系统对此意见进行了认真讨论。通过讨论，大家的意见得到统一，认为这样做有利于及早暴露问题和发现隐患，有利于把问题和隐患消除在产品出厂之前。于是，他们在准备充分后，对返回式0型实用遥感卫星第一颗发射星从三个相互垂直的方向进行了振动考核，并针对试验中出现的一些小故障采取了"归零"（使故障消除）的措施。这一在当时大多数人认为不该做、少数人认为该做又不敢做的做法，经试验表明有效后，被普遍接受，继而定入出厂验收标准。从这件事可以看出，王希季一旦看准就敢为人先、敢于承担风险和面对困难的工作作风。

王希季（中）与林华宝（左一）、任新民（右一）在返回式卫星技术阵地商谈工作

1982年9月，返回式0型实用遥感卫

星产品首次发射。卫星在轨道运行五天后按预定程序使返回舱返回地面，但回收到的对地摄影胶片冲洗印出的只是一片模糊的画面，看不出地物目标。当时，上级领导机关有人认为，这是卫星故障造成的，要求有关研制人员写检查，并要根据检查情况进行严肃处理。这种严格管理的做法虽无可非议，但王希季认为在事故原因未搞清楚的情况下这种做法不妥。他并不推诿责任，说："我是总设计师，一切由我负责。"他不同意追查下面的研制人员，也不忙着去写检查，违心地承认过错，而是组织研制人员对一切有可能产生问题的环节和数据一一进行仔细的分析和验证。通过分析和试验表明，问题出在卫星的上一层次系统——卫星遥感工程大系统设计不当，致使与卫星一起入轨的另一个系统的状态使卫星地物相机的照相窗口玻璃受到了污染，而不是卫星本身出现故障。据此，王希季与吴开林撰写了这次事故的分析报告，并落实了避免这种事故再次出现的相关举措。

此事虽在技术上已查清原因，但上级领导安排下来的检查还要写，王希季坚决不写，他认为，该检讨的是工程大系统的负责人而不是他。工作中这种执拗的性格是他的本性。多年以后，聊起这件往事，他还很不以为然。

在认真总结返回式 0 型实用遥感卫星产品首次飞行的经验和教训的基础上，王希季提出了稳定工程大系统和卫星的技术状态、稳定卫星的生产工艺、稳定卫星的研制队伍和提高整星可靠性等返回式 0 型实用遥感卫星的研制准则。该准则规定，卫星上所有要修改的部分都必须经过充分的论证和地面试验，经总设计师批准后方可执行；卫星上所有电子器件都要进行"老炼"（剔除存在工艺和制作缺陷的产品的常用方法）试验，以便及早发现仪器、设备早期失效的环节；整星总装测试完毕后，需通过热真空和力学环境模拟试验方可出厂执行发射任务。他针对以往卫星可靠性工作基础薄弱的情况，狠抓返回式 0 型实用遥感卫星产品的可靠性，强调卫星产品的可靠性是设计出来的，是试验验证得不出来的，强调可靠性指标是衡量卫星产品有无使用价值的重要标志，要求整星和各分系统把可靠性设计作为设计工作的一项重要内容，正样产品交货时必须附有可靠性评估报告。他还亲自分析、计算返回式0型实用遥感卫星的可靠性，从中找出整个卫星系统的可靠性薄弱环节。上述这些工作，为返回式0型实用遥感卫星产品以后各次飞行试验的成功起到明显的保证作用。

1983—1984年，返回式0型实用遥感卫星第二、第三颗发射星相继遨游太空，它们的返回舱全部安全返回地面，每颗卫星都获取到所需的对地遥感图像，CCD相机进行的实时传输遥感图像的试验情况良好。这两次飞行试验获得圆满成功，表明该型号卫星成为了中国第一种实用的应用卫星，同时也为中国后来研制传输型资源卫星的CCD相机做了有益的探索。

1986年，由王希季作为第一完成人的返回式0型遥感卫星与"东方红1号"卫星合并作为一个项目，获国家科学技术进步奖特等奖。

在负责研制返回式0型实用遥感卫星前3颗发射星的过程中，王希季思索着这样一个问题：1982年9月召开的中国共产党第十二次全国代表大会提出了全面开创社会主义现代化建设新局面的奋斗纲领，在这种情况下如何使空间技术更好地为国民经济建设主战场服务。他想，返回式遥感卫星是一种能获取高分辨率地物图像的卫星，同时返回式0型试验遥感卫星产品在1978年进行的飞行过程中拍摄的地物照片，经国家有关部门的判读、解释和应用研究，已表明这种卫星的照片在矿产勘探、石油勘探、地质调查、港口建设、海岸测量、海洋污染监测和考古研究等国土普查领域具有很高的应用价值，实用型的返回式0型遥感卫星即返回式0型实用遥感卫星肯定可以在国土普查工作中大显身手。

经过认真考虑和广泛听取意见，王希季和研制人员于1983年建议利用返回式0型实用遥感卫星产品对中国的国土资源进行全面普查，以便为中国的社会主义现代化建设提供更多可供开发利用的国土资源，为国土开发整治提供有用的基础资料。1984年2月，王希季主持召开了由中国空间技术研究院组织、各用户代表参加的"利用返回式0型实用遥感卫星完成国土普查任务的方案介绍和应用"座谈会。座谈会上，国民经济各有关部门的与会代表一致认为，近期内发射两颗国土普查卫星来完成国土普查任务的条件已经成熟。

1984年，以返回式0型实用遥感卫星为原型的国土普查卫星在王希季主持下开始研制。为了更好地完成国土普查任务，地物相机应采用适宜于进行可见光、近红外谱段摄影的黑白全色胶片和彩色红外反转胶片两种胶片。其中，前者具有分辨率高的优点；后者包含的信息量丰富，适宜于解释地物目标的特性。

当时，不少人鉴于以往的返回式0型遥感卫星产品使用的都是黑白全色胶片，对在国土普查卫星上使用彩色红外反转胶片存有疑虑。他们认为，国家投资研制一颗卫星不容易，采用彩色红外胶片，一旦失败将损失重大。王希季认真考虑了这种风险，并决定承担"冒"这种风险的责任。他想，既然彩色红外反转胶片能比黑白全色胶片获取到更多的信息，更加有利于进行国土资源调查和环境监测等方面的研究，那么如果我们把工作做细致做充分，能确保万无一失地完成任务，为国家解决更多的问题，岂不更好！主意已定，他力主在国土普查卫星上使用彩色红外反转胶片，并决定利用1984年9月发射的第三颗返回式0型实用遥感卫星对这种胶片进行先行性试验。试验结果表明，这种胶片效果良好。于是，他提出在国土普查卫星上不仅要装彩色红外反转胶片，而且要多装。据有关研制人员估计，第二颗国土普查卫星装载的彩色红外反转胶片达到整个胶片装载量的70%。

国土普查卫星（即返回式0型实用遥感卫星第四、第五颗发射星）于1985年、1986年相继发射成功。当这两颗卫星的返回舱返回地面，摄影胶片被取出来冲洗后，一张张色彩纷呈、层次丰富的卫星照片呈现在人们面前，彩色红外反转胶片取得了令人满意的结果！听到有人谈起他果断决定国土普查卫星装彩色红外反转胶片的往事，称赞他胆大有魄力时，王希季笑着说："不是胆子和魄力问题，而是责任感问题，负责一件事，就要把事情了解清楚。我了解胶片的研制情况，知道研制人员做了充分的论证和试验，才敢决定在国土普查卫星上装那么多的新型胶片。"

国土普查卫星发射成功后，有关部门利用他们拍摄到的总计数千米长的胶片图像，开展了应用研究，取得了丰硕的成果。以京（北京）津（天津）唐（唐山）地区为例。利用国土普查卫星照片为这一地区提供了大量有关地质基础与地表形态特征、水资源、土地利用、森林资源、劣质土退化地、自然环境变迁、矿产资源、铁路选线及隧道施工、城市区域规划建设、旅游风景资源、海岸带状况、考古研究等方面的资料和150多幅专题地图，查明了这一区域47个县级单位的土地、耕地、水域、居民用地、交通用地、森林、盐碱地、风沙地、侵蚀地以及旅游风景区的面积和分布。具体来讲，在当时总面积约55 490平方千米的京津唐地区中，山地约19 899平方千米，耕地约25 174平方千米，居民用地约5 279平方千米，水域占地约3 785平方千米，交通用地约2 158平方千米，人均土地2.98亩，人均水量440立方米和亩均水量343立方米都低于全国平均值。

1987年8月返回式0型实用遥感卫星以第六颗发射星胜利地完成了主任务——对地观测和搭载进行了中国首次太空微重力实验任务（参见第六章第六节），圆满地结束了它的研制历程。

1991年10月，航空航天工业部在中国人民革命军事博物馆举办了庆祝中国航天事业35周年（中国航天事业的创建日通常以中国导弹研制机构——国防部第五研究院成立日1956年10月8日代表）的"中国航天科技成果展览"。当络绎不绝的参观者第一次见到国土普查卫星照片及介绍时，无不发出由衷的赞叹。他们惊讶地看到：地质工作者用了近30年的实地调查测绘，至1982年才制作出比例尺1∶200 000的全国地质图的64%；而利用卫星照片只需用几年的时间即可完成等量的工作，同时比例尺还可提高到1∶100 000甚至1∶50 000。卫星照片为水库等大型水利工程选址、铁路选线提供了重要信息。利用卫星照片查明了渤海湾内3个主要泥沙流——黄河、滦河、海河泥沙流的活动规律以及相互作用的情况，为摸清渤海湾内的流系规律和天津新港的泥沙回流情况提供了有用资料。卫星照片还在军事、考古研究、城市规划和建设等方面发挥了重要作用。参观者一边看着展示板上贴着的那些信息量丰富、直观性好、清晰度高的卫星照片，一边打量地上摆着的黑黝黝的从太空归来的返回舱实物,在惊叹之余,不禁感慨万分,心中油然而生民族自豪感,同时对为此做出不懈努力的科技工作者表示深深的敬意。

六、开拓中国太空微重力科学实验领域

在负责研制返回式 0 型实用遥感卫星产品期间,王希季发表了《论空间资源》的论文,探讨了发展空间技术与开发利用太空资源的关系(参见第九章第一节),并对国外利用载人飞船、航天飞机轨道器等返回式航天器进行微重力科学实验产生了浓厚的兴趣。他想,返回式遥感卫星是中国航天的一大优势,能否利用这个优势项目在轨道运行过程中内部的微重力环境开展材料科学和生命科学方面的研究?这时发生的一件事,为王希季的这一愿望得以尽早实现起到促进作用。

1986 年 10 月,中国一些材料科学和生命科学领域的科学家,到曾利用美国航天飞机的轨道器进行过微重力实验的联邦德国有关部门进行太空微重力科学考察,在探讨双方在这一空间科学领域的合作时,对方问你们拿什么与我们合作?中国科学家无言回答,十分尴尬。此事伤害了中国科学家的民族自尊心。当时,中国科学院学部委员、半导体材料科学家林兰英感慨最深。她想,中国人有能力研制发射卫星,也就有能力开创太空微重力科学,走出一条有中国特色的发展太空微重力科学的道路。

回国后,林兰英找闵桂荣(中国科学院院士和中国工程院院士,时任中国空间技术研究院院长和返回式 I 型遥感卫星总设计师)商量。林兰英激动地说,我们能不能用我们自己的卫星做我们自己的微重力科学实验?如果能,我所在的半导体研究所准备在返回式卫星上进行砷化镓晶体生长实验。对这件事,闵桂荣和王希季就以下 3 个问题进行了深入探讨。

第一个问题是,能不能利用返回式 I 型遥感卫星产品和返回式 0 型实用遥感卫星产品来搭载进行中国的微重力科学实验。王希季肯定地说:能。

第二个问题是，能不能在短时间内，即利用还有 5~6 个月就要开始总装的返回式 0 型实用遥感卫星第六颗发射星和返回式 I 型遥感卫星第一颗发射星进行中国的微重力科学实验。王希季又肯定地说：能。

第三个问题是，在返回式 0 型实用遥感卫星第六颗发射星上搭载进行哪些项目的实验。王希季的回答是：既要履行已经签订的国际合作协议，进行法国马特拉公司的两个微重力项目的实验，以便将中国的卫星打入国际市场；又要进行国内有关单位提出的微重力科学实验，以便尽早地使中国在太空微重力科学实验领域取得突破。

这样做的风险很大。当时返回式 0 型实用遥感卫星第六颗发射星的技术状态已经确定。在这种情况下，增加搭载项目势必要影响卫星的质量特性、内部布局、功耗分配和进度安排，而卫星内部质量分布的改变又可能导致整星动平衡特性的丧失。尤其是做砷化镓晶体生长实验的加工炉，炉内温度高达 1 250℃。这就是说，搭载这个项目，如同卫星带上一个随时可能发生不测事故的"小炸弹"。可想而知，如果没有经过深思熟虑，如果不具有相当的自信，如果不摒弃私心杂念，研制人员是不会轻易同意上这个项目的。当然，王希季对他领导的返回式遥感卫星研制队伍的技术素质和攻关能力有充分的了解，对完成这项任务有十足的信心。

得知中国将利用返回式遥感卫星进行太空微重力科学实验的消息后，国内各有关单位极为振奋。他们提出了太空材料加工实验、太空微生物生长研究、太空环境对植物种子遗传变异的影响等 200 多个项目。许多专家表示，一定要齐心协力赶上搭乘这两趟班车，实现中国在太空微重力科学研究领域的"零"的突破。

最后，大家根据国外的发展趋势，结合返回式 0 型实用遥感卫星和返回式 I 型遥感卫星的具体情况，决定中国首批次卫星搭载进行的微重力科学实验以材料科学为重点，在材料科学中又以太空加工晶体材料中的一种最有发展前途、国内在实验室研究中已有一定基础的砷化镓晶体生长为主，兼顾碲镉汞、锑化铟和其他合金材料的加工实验。据此，中国空间技术研究院兰州物理研究所和中国科学院半导体研究所经通力合作，很快就研制成功了中国第一台太空多用途材料加工炉。该加工炉除用于进行砷化镓晶体生长实验外，还可同时装载对温度有不同要求的11个实验样品，做到了一炉多用。

为了使返回式遥感卫星承担的搭载任务不影响卫星主任务——对地遥感任务的完成，王希季订立了4条规定：① 搭载项目必须自成系统，需要由卫星提供电源和支持的须经总设计师批准；② 搭载项目出现任何故障，都不能危及主任务的完成；③ 搭载项目的鉴定和验收条件，与主任务完全相同；④ 搭载项目的管理，与主任务完全相同。这些规定促进了中国微重力科学实验与返回式遥感卫星搭载工作的快速和高质量的发展。

在1987年8月、9月相继发射的返回式0型实用遥感卫星第六颗星和返回式Ⅰ型遥感卫星第一颗星上，共搭载了80项微重力科学实验项目。其中，2项为法国马特拉公司的藻类培植和蛋白质生长实验、微重力加速度测量（搭载于返回式0型实用遥感卫星第六颗发射星上），10项为国内材料加工方面的半导体砷化镓晶体生长实验等，68项为国内提供的植物种子、微生物、昆虫、探测器等。所有搭载试件，经五天或八天的太空飞行，全部完好无损地返回地面。这两次搭载实验表明，中国的空间科学研究已从空间环境探测进入空间环境探测与微重力科学实验相结合的新阶段，中国在开发利用太空微重力资源方面跃居世界先进行列！

1987年11月，中国召开了首次微重力科学技术讨论会。会前，国家科学技术委员会主任宋健（中国科学院院士和中国工程院院士）看到随返回式遥感卫星返回舱从太空回到地面的呈火炬状的砷化镓单晶体后兴奋地说："这充分肯定了返回式卫星的技术水平，该成果是军转民（指航天等高科技向民用领域转移）、自力更生、大协作的结晶，对开创中国太空微重力科学有深远意义。"当年12月，联邦德国与中国在北京举行空间科学合作会议时，联邦德国的代表对中国返回式遥感卫星搭载进行的微重力科学实验的报告和图片纷纷表示赞赏，主动提出要与中国进行这方面的合作。由此，1988年8月发射的返回式Ⅰ型遥感卫星第二颗星,除了搭载国内的微重力科学实验项目外,还搭载了联邦德国Intospace公司的蛋白质晶体生长实验、微重力加速度测量两个项目。

王希季带领研制人员利用返回式遥感卫星进行的中国太空微重力实验或试验,取得了累累硕果。从1987年开始,利用返回式遥感卫星每次飞行的机会,有计划、有组织地开展了搭载实验工作。每颗卫星的搭载质量从1987年的几十千克逐渐增加,到1996年发射的最后1颗返回式Ⅱ型遥感卫星达到了265千克,相当于发射了一颗不太小的科学实验卫星。

按照项目的学科分类,返回式遥感卫星上的搭载项目分为空间微重力科学实验和空间技术试验两大类,空间微重力科学实验又分为空间材料科学实验和空间生命科学实验两类。

随返回式0型实用遥感卫星第六颗发射星、返回式Ⅰ型遥感卫星的四颗发射星和返回式Ⅱ型遥感卫星的3颗发射星返回舱返回地面的各种科学实验和技术试验搭载项目共1 049项。

通过这些搭载项目进行的探索性实验或试验,获取到一批有价值的成果。

在太空材料科学方面,重点进行了砷化镓晶体太空生长实验,已在太空生长出直径10~23毫米的单晶体,试制出性能显著优于地面产品的半导体器件,并使这项工作从开始时一般的摸索性实验,循序渐进地跨入有明确应用目标的实验研究阶段,使中国的砷化镓太空生长技术跻身于世界先进行列。在其他半导体材料、光电材料、难混合金和偏晶合金、超导材料等在太空重熔再生长实验方面,也取得重要成果。

在太空生命科学方面,进行了品种众多的植物种子的太空飞行实验,表明太空环境对植物种子有明显的诱变作用。这些种子经地面培育和筛选,获得了一批水稻、小麦、青椒、蕃茄等生长势强、丰产、抗病、果大、质佳的新品系,探索了农作物诱变育种的新

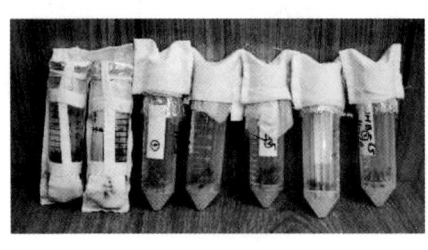

返回式卫星上搭载的种子

返回式卫星搭载的南瓜、辣椒、茄子种子培育成的果实

途径。例如，由经过太空飞行的"龙椒2号"青椒干种子培育而成的卫星87-2品系的单果重量达到200~250克，比地面对照组的单果重量大50%~67%，产量增加108%，病情指数减轻62.5%，红熟果实的维生素C含量增加近20%，可溶性固形物含量提高25%，具有较强的抗病（病毒）性。在蛋白质晶体太空生长、微生物太空生长等方面也取得了可喜的成果。

除了上述返回式遥感卫星进行了微重力项目搭载实验或试验外，1999年发射的由王希季任首席专家的"实践5号"科学实验卫星成功地进行了中国首次太空微重力流体实验，对微重力环境中流体界面现象和多层流体对流动力学特性进行了研究，使中国成为继比利时之后世界上第二个独立完成这一类复杂太空流体实验的国家（参见第六章第十节）；1999年至2016年发射的"神舟1~4号""神舟8号"无人飞船和"神舟5~7号""神舟9~11号"载人飞船以及2003—2005年发射的五颗新型返回式遥感卫星均搭载进行了大量的太空材料科学、太空生命科学和太空流体物理等方面的实验，使中国的太空微重力科学实验和技术试验水平又向前推进了一大步。2006年9月发射的"实践8号"返回式航天育种卫星，则使中国成为能利用太空微重力资源进行航天育种的国家。2016年4月，中国还发射了专用于微重力科学实验的"实践10号"返回式卫星。

七、为卫星地图测绘铺通途

返回式0型遥感卫星是中国第一代以回收方式获取对地摄影图像的遥感卫星，所获图像不足以完成高精度地图测绘的要求。为此，根据使用单位的要求，王希季在孔祥才的协助下，带领研制人员于1979年开始制订用于高精度地图测绘的返回式Ⅰ型遥感卫星总体方案。

返回式Ⅰ型遥感卫星总体方案是一个最大限度地继承返回式0型遥感卫星平台的成熟技术并使中国的卫星地图测绘技术达到世界先进水平的方案，还是一个能提供高微重力水平（用星内物体的视重力与其质量之比——视重力加速度来衡量，视重力加速度愈小表征微重力水平愈高）和具有较大搭载能力的方案。或者说，返回式Ⅰ型遥感卫星总体方案是一个力求卫星整体功能最佳的方案。正如闵桂荣和林华宝在2002年发表的《中国返回式卫星进展》的论文所述，返回式Ⅰ型遥感卫星充分继承了返回式0型遥感卫星的成熟技术，并在此基础上有很大的提高和创新；相对于返回式0型遥感卫星，返回式Ⅰ型遥感卫星无论是在卫星平台，还是在有效载荷方面，都上了一个新的台阶。

返回式Ⅰ型遥感卫星的姿态控制系统是中国第一种星载的以计算机发送控制指令的全数字量三轴稳定系统。当时，大家都认为数字系统替代模拟系统是卫星姿态控制领域的发展方向，但在中国卫星领域还没有一种卫星型号的姿态控制系统采用数字系统。王希季又敢为人先，决定在返回式Ⅰ型遥感卫星上采用全数字量姿态控制系统。

返回式Ⅰ型遥感卫星使用的地物相机为画幅式相机。画幅式相机是一种与返回式0型遥感卫星采用的棱镜扫描式相机不同类型的地物相机。棱镜扫描式相机只利用物镜视场中心、解像能力最高的部分成像，同时通过物镜前面的一个棱镜转动来扩大视场角。它获得的每张照片不是在同一"瞬间"感光完成的，而是依靠棱镜旋转，由缝隙逐条扫描而成。因此，棱镜扫描式相机虽然视场较宽，但成像的畸变大，画面的几何关系不严格，不适用于高精度测绘地图。与棱镜扫描式相机不同，画幅式相机使用中心式快门，每幅照片是在曝光瞬间完成的。它获得的每张照片是中心正投影成像，所有目标同时曝光，不存在成像过程中的畸变。因此，画幅式相机虽然视场较窄，图像分辨率适中，但图像的几何关系比较严格，能满足绘制高精度地形图、影像图和各种专业地图的要求。

返回式Ⅰ型遥感卫星画幅式地物相机的焦距和幅面的尺度可以与美国航天飞机轨道器装载的大幅面相机和欧洲空间局空间实验室装载的测量相机相媲美，其设计指标也与空间实验室装载的测量相机相仿。研制这种大幅面、低畸变、高几何精度的测绘相机，需要解决高速旋转盘式中心快门、高强度钛合金镜筒输片机构、胶片折转角很大的斜辊机构、胶片展开机构等一些关键项目的设计、试验和加工等问题。研制人员在王希季的关心和支持下，经过七八年的奋勇攻关，才研制出这种高难度、高精度的航天测绘相机。

返回式Ⅰ型遥感卫星外形和舱段组成与返回式0型遥感卫星相同，起飞质量2 100千克，轨道运行时间8天，可搭载的质量最大值为180千克，轨道运行期间的微重力水平在$10^{-6}g \sim 10^{-3}g$（g为地面重力加速度）。

为了保证返回式Ⅰ型遥感卫星方案切实可行，王希季于1981年主持召开了整星和星上各分系统的方案论证会。李大耀曾旁听了返回式Ⅰ型遥感卫星姿态控制系统的方案论证会。记得那次介绍姿控系统方案的是一位30多岁的科技人员。那位年轻人一上讲台就忐忑不安地说："我知道王总（同事们对王希季的尊称）以严格著称，我对提交审查的方案能否通过心中实在无底。"这时，王希季和蔼地笑着说："别紧张，按准备好的慢慢讲。你们既然已对方案做了大量的工作，就应该有信心讲好。即使方案存在一些问题或不足，大家听过后肯定会给你们提出并帮助解决的。"在王希季的鼓励下，那位年轻人较好地完成了方案介绍任务。他介绍的方案也得到王希季的基本肯定。

在返回式 I 型遥感卫星进入初样研制阶段刚一年之时，王希季于 1983 年 11 月按上级安排，将承担的总设计师的任务转交给闵桂荣（时任中国空间技术研究院副院长）。1989 年 12 月，林华宝接任返回式 I 型遥感卫星总设计师。

返回式 I 型遥感卫星于 1987—1993 年共发射了 5 颗卫星。其中，前四颗卫星的返回舱均成功地返回地面，卫星的测图定位精度显著地优于设计指标，恒星相机的摄星能力达到 6 等星可测量、7 等星有显示的高水平；第三颗卫星搭载进行的小白鼠轨道飞行试验取得基本成功；

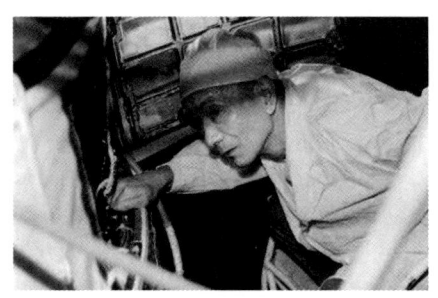

王希季在检查返回式遥感卫星内部安装情况

最后一颗（即第五颗）卫星因姿态控制系统出现故障致使返回舱未能返回地面。对这五颗返回式 I 型遥感卫星发射星的研制和试验，虽然王希季不再担任总设计师，但他依然倾注心血，给予了不少指导。

1990 年，王希季为主要完成人之一的返回式 I 型遥感卫星获国家科学技术进步奖特等奖。

八、为返回式遥感卫星技术上水平谋良策

返回式 0 型遥感卫星和返回式 I 型遥感卫星的研制成功，使中国在卫星返回、航天摄影和测图领域取得突破。返回式 II 型遥感卫星则是中国致力于使卫星所摄地物图像的分辨率和卫星性能达到高水平的第一种返回式遥感卫星。

返回式Ⅱ型遥感卫星从1990年2月正式开始研制到1992年8月成功地进行了首次轨道飞行只用了两年半的时间。其研制周期如此之短，在于坚持了预先研究先行和充分采用了成熟技术。正如该卫星总设计师林华宝说，这与王希季领导下进行的预先研究和方案研制工作分不开。

早在研制返回式0型实用遥感卫星期间，王希季就在吴开林的协助下，带领研制人员开展了返回式Ⅱ型遥感卫星的技术指标论证，并于1987年提出了返回式Ⅱ型遥感卫星的总体方案。1988年1月，航天工业部科学技术委员会对返回式Ⅱ型遥感卫星总体方案进行了评审，同意返回式Ⅱ型遥感卫星转入初样研制阶段。

作为返回式Ⅱ型遥感卫星的主要有效载荷——节点式地物相机，更是从1976年就开始进行预研。在王希季的支持下，杨秉新（时任北京空间相机研究所节点式相机研制负责人）等研制人员经过10年奋战，于1986年成功地进行了星载节点式相机的首次机载校飞试验，从而为返回式Ⅱ型遥感卫星的顺利立项、开展研制打下了坚实的基础。这种相机利用摄影物镜绕其后节点转动时物与像的角放大率等于一的原理，直接由物镜绕后节点转动，使景物依次在圆弧面状的焦面上让静止不动（相对于相机）的胶片感光成像，从而避免了棱镜扫描式相机由于棱镜使成像分辨率降低以及要求胶片输片速度与棱镜扫描产生的像移速度必须同步的缺陷，能大幅度地提高图像的分辨率。

王希季主持制订的返回式Ⅱ型遥感卫星总体方案，是经过多方案比较、选优后才确定的。该方案针对星上有效载荷以及其他设备的巨大变化，将返回式0型遥感卫星平台加以扩展、调整和改造，使其成为一个适应性更好的公用平台。正如闵桂荣和林华宝在2002年发表的《中国返回式卫星进展》的论文中所述："返回式Ⅱ型遥感卫星的研制成功，为中国提供了一个可用于今后若干时间的基本型返回式卫星平台……返回式Ⅱ型遥感卫星充分继承了返回式0型遥感卫星和返回式Ⅰ型遥感卫星的成熟技术，并在此基础上有很大的提高与创新，使中国返回式遥感卫星又跃上了一个新的台阶，使中国返回式遥感卫星技术达到了一个新的水平。"

返回式Ⅱ型遥感卫星发射前，王希季与林华宝（前排右一）等在酒泉卫星发射中心的合影

从外形上看，返回式Ⅱ型遥感卫星只是在返回式0型遥感卫星外形上增加了一个圆柱段。但从构形上看，返回式Ⅱ型遥感卫星将返回式0型遥感卫星的两个舱段（返回舱和设备舱）演变成回收舱、制动舱和设备舱3个舱段，对舱内的设备布局做了更合理的安排。例如，将原先放在返回式0型遥感卫星返回舱内的制动火箭发动机移置舱外，使舱内可携带更多的回收物，并相应地将该舱改称为回收舱，同时在其后增加了制动舱。制动舱内装有制动火箭发动机和用于在制动火箭发动机完成对回收舱制动任务后将制动舱与回收舱分离的分离火箭发动机。服务舱内装载相机及星上的服务系统。在卫星完成轨道任务后，服务舱由舱内装载的分离火箭发动机将它与回收舱、制动舱组合体分离。

返回式Ⅱ型遥感卫星的姿态控制系统采用具有全姿态捕获功能、控制精度更高的新型计算机全数字量三轴稳定系统。此系统在卫星由于瞬发、非永久故障而失去姿态基准时能重新建立卫星正常运行姿态，从而增加了卫星在轨道上的生存能力。为了能调整回收舱的落点位置和使卫星的运行轨道接近于设计的标称轨道，星上增设了轨道维持系统。

返回式Ⅱ型遥感卫星的起飞质量视搭载实验项目的多少而异，在2 600~2 900千克，轨道运行时间为15~16天。返回式Ⅱ型遥感卫星的节点式相机拍摄地物图像的分辨率显著地优于返回式0型遥感卫星棱镜扫描式相机图像的分辨率，达到了国际同类航天相机的高水平。

在返回式Ⅱ型遥感卫星初样和正样研制阶段，王希季虽然不直接承担该卫星的技术领导工作，但他以丰富的工程实践经验，对该卫星的研制提出了不少有价值的建议。例如，对热控星（用于进行热真空环境模拟试验的卫星）曾有两种考虑：第一种意见是专门生产一颗用来做热控制系统试验的初样热控星；第二种意见是只研制一颗正样检验星，首先用它进行整星电性能测试，其次再做热控制系统的试验，最后再改装成发射星。王希季与该卫星的设计师经过反复研究后，认为在有返回式 0 型遥感卫星和返回式 I 型遥感卫星的大量试验数据和经验可资借鉴的情况下，完全可以采用第二种办法。实践表明，这种建议是可行的，既达到了预期的目的，又节省了大量的物力、财力、人力，并加快了研制的进程。

1992 年 8 月，返回式 II 型遥感卫星第一颗发射星圆满地完成了首次飞行试验任务，卫星所获地物图像的分辨率优于设计指标。随着返回式 II 型遥感卫星第二颗和第三颗发射星分别于 1994 年、1996 年相继升空，返回式 II 型遥感卫星胜利地结束了研制进程。

在 1996 年 10 月发射的第三颗返回式 II 型遥感卫星上，除搭载了微重力科学实验项目外，还搭载了中华人民共和国国旗、中国人民解放军军旗和香港特区区旗等。这些首次随返回式遥感卫星遨游太空的、代表国家和军队等的旗帜各有一面，已被作为文物为国家博物馆珍藏。

1997 年元旦，雄伟壮丽的天安门广场被瑞雪打扮得银装素裹。清晨，5 万余名各地群众赶到广场，参加 1997 年首次升国旗仪式。这次升旗仪式升起的五星红旗就是随返回式 II 型遥感卫星第三颗发射星遨游太空的一面国旗。7 时 36 分，与太阳从地平线上升起相同步（此时，太阳的上部边缘与天安门广场所在的地平面相切），这面不平常的国旗在众人的注目礼中冉冉升起。当王希季从当天的电视节目里看到这面遨

1997 年元旦，曾随第三颗返回式 II 型遥感卫星遨游太空的国旗伴随日出在天安门广场冉冉升起

游过太空的国旗升起的过程和飘扬的风采时，心潮澎湃，久久不能平静，他深深地为祖国的兴旺发达而自豪，为自己能为祖国航天事业的发展出力而骄傲。

1996年，王希季为主要完成人之一的返回式Ⅱ型遥感卫星获国家科学技术进步奖一等奖。

返回式Ⅱ型遥感卫星以及返回式0型遥感卫星和返回式Ⅰ型遥感卫星各发射星拍摄并回收到的数以万米计的遥感图片，经国家经济、科研、军事等部门处理分析后，获得了许多用其他手段难以获得或不能获得的珍贵资料。这些资料已广泛用于矿产石油勘探、地震地质分析、海洋海岸探测、港口河道建设、铁路公路选线、大型工程选点、地图地形测绘、历史遗迹考古和农牧畜渔、水利资源、森林资源、土地利用和国土面积调查以及城市规划、环境监测、国防建设和科学研究等众多领域，为国家进行国土规划、宏观经济决策等方面的工作提供了重要依据，取得了显著的技术、经济、社会和军事效益。

返回式0型遥感卫星、返回式Ⅰ型遥感卫星、返回式Ⅱ型遥感卫星以及新型返回式Ⅰ型遥感卫星和新型返回式Ⅱ型遥感卫星取得的成就表明，它们不愧为中国派到太空中获取对地观测资料的第一批"尖兵"。正如《中国航天报》2016年4月23日第二版刊登的"中国返回式卫星迈入进行时"中所写——王希季曾撰文指出，返回式（遥感）卫星是中国航天遥感事业的开拓者，在（中国）传输式遥感卫星未发展（发射）之前的20多年里，中国国产的航天遥感资料都来自（本国的）返回式（遥感）卫星。这些遥感资料在国土资源普查、大地测量等众多领域发挥了重要作用。

九、创建中国航天器返回技术学科

航天器返回技术是一门涉及多项基础科学和技术科学的高难度工程技术。这门技术的研究主题是如何确保返回式航天器或其返回器（需返回地面的部分）脱离原来的运行轨道进入（再入）地球稠密大气层并在地面安全着陆。这门技术的实质是对返回器所具有的巨大机械能——动能和位能的处置。

按返回器再入地球稠密大气层内的飞行过程中的气动特性和轨道特征，返回器的返回方式分为弹道式返回、弹道—升力式（或称半弹道式）返回和升力式返回等几种。其中，弹道式返回为返回器在再入地球稠密大气层内的飞行过程中只受到气动阻力作用，或虽受到不大的气动升力作用，但对升力的大小和方向均不加控制和利用的返回，以这种方式返回的返回器在地球稠密大气层中的运动轨迹形状与炮弹弹头回落的弹道形状大体相似（基本上均为抛物线），返回式卫星的返回舱一般采用这种返回方式；弹道—升力式返回为返回器在再入地球稠密大气层内的飞行过程中能受到一定限度的和可控制的升力作用的返回，以这种方式返回的返回器在地球稠密大气层中的运动轨迹较为平缓，并可在一定程度上对运动轨迹进行调整，载人飞船的返回舱和登月取样器的返回舱一般采用这种返回方式；升力式返回为返回器在再入地球稠密大气层内的飞行过程中能受到较大升力作用的返回，以这种方式返回的返回器能在地球稠密大气层中做滑翔式机动飞行，并可在地面水平着陆，航天飞机的轨道器采用的就是这种返回方式。

在王希季的主持和领导下，研制人员通过理论研究和返回式遥感卫星的研制实践，使航天器返回技术学科在中国逐步形成。

1991年，宇航出版社出版了由王希季任主编，林华宝（时任北京空间机电研究所副所长、研究员）和李颐黎（时为北京空间机电研究所研究员）任副主编的《航天器进入与返回技术》一书。这部专著系统地总结了王希季带领研制人员对以各种方式返回的返回器在返回过程中涉及的返回轨道、气动力和气动加热、制导和控制、结构防热、着陆回收等高新技术问题深入研讨取得的理论成果。这部专著的出版，表明中国的航天器返回技术已于20世纪90年代完成了从工程研制实践到学科体系建成的转变。

1992年以来，中国开展的神舟号飞船载人航天工程研制、试验，使中国的航天器返回技术由弹道式返回上升到弹道—升力式返回。2014

年 9 月,中国成功地进行了探月飞行试验器再入返回试验。这一成就标志着中国已全面突破和掌握了航天返回器以接近第二宇宙速度的高速再入返回的关键技术。2016 年 6 月 25—26 日,中国成功的完成了新一代多用途飞船返回舱缩比模型（缩比度 0.6,模型高约 2.3 米,最大外径约 2.5 米,总质量约 2 600 千克）的轨道飞行和返回着陆试验,为神舟号飞船之后的新型载人飞船的论证技术和关键技术奠定了重要基础。看到包括航天器返回技术在内的中国空间技术战线成果层出不穷,新人崭露头角,王希季深感欣慰。他坚信,中国的新一代航天人,一定会创造中国航天更加辉煌灿烂的明天。

十、倡导中国发展现代小卫星

统观世界航天发展史,各国发展航天是从研制、发射小卫星起步的。20 世纪 80 年代前,世界上有能力自行研制、发射人造卫星的七个国家——苏联、美国、法国、日本、中国、英国和印度（按各国首颗卫星的发射时间先后顺序排列）的第一颗卫星的质量分别为 83.6 千克、14 千克、42 千克、9.4 千克、172.8 千克、65.8 千克和 40 千克。随后,卫星逐步向中型、大型化方向发展。当然,早期的小卫星只是一种技术简单、功能单一的卫星。

从 20 世纪 80 年代末期开始,世界人造卫星的发展呈现出两极化的趋势：一是在中型、大型化的基础上提高性能；一是向小型化、轻量化方向发展,研制现代小卫星。

现代小卫星一般指质量不大于 1 000 千克、技术性能良好、研制经费较低的卫星。其中,质量不大于 100 千克的卫星称为微小卫星。与中型、大型、综合性卫星相比,现代小卫星具有体积小、质量轻、功能密度（以卫星的有效载荷质量与卫星总质量的比值表示）高、研制成本低、研制周期短、风险小、能快速发射等优点,具有广阔的发展前景。

针对世界航天科技的这一趋势,王希季与杨嘉墀（时任中国空间技术研究院科技委副主任）等人于20世纪90年代初期合作提出了中国如何尽快发展现代小卫星和快、好、省地研制各类小卫星的研究报告。王希季还曾担任由中国空间技术研究院负责研制的中国第一颗现代小卫星——"实践5号"卫星和中国第一颗海洋探测小卫星——"海洋1号"卫星的首席专家。

"实践5号"卫星为科学实验卫星。该卫星从概念设计到整星出厂只用了两年多的时间。为了通过"实践5号"卫星的研制推进中国现代小卫星的发展和满足搭载发射对卫星质量、进度等方面的要求，王希季与马兴瑞（时任中国空间技术研究院副院长、"实践5号"卫星总设计师）、张永维（时任"实践5号"卫星副总设计师）等研究，提出"实践5号"卫星平台以公用平台为目标进行设计、星上电子设备的功能集成按星务管理概念进行设计和卫星研制按集同工程方法组织实施等指导性意见。通过采用集同工程（Concurrent Engineering，一般称为并行工程）模式，"实践5号"卫星从一开始研制就考虑了产品概念设计到寿命结束整个周期中的所有因素，包括研制成本、制造工艺、研制进度、可靠性和使用要求等，克服了以往中国卫星型号研制采用的条块分割、串行作业方法存在程序上没有搭接和反馈，即使有反馈也是事后的反馈等缺点，将时间上有先后的研制过程转变为同时考虑和尽可能同时处理的作业方式，从而大大缩短了研制周期，并降低了研制成本。研制人员还用一颗工程星完成了传统方式的结构星（用于进行力学环境考验的卫星）、热控星（用于检验热控制系统的卫星）和电性星（用于检测电性能的卫星）应完成的任务，并成功地尝试采用了一些工业级或商用级的电子元器件替代价格昂贵的航天级元器件。为"实践5号"卫星研制的平台，已成为中国后来研制的一系列小卫星（如"海洋1号"卫星等）平台的基本型，为中国现代小卫星的快速发展奠定了基础。

"实践5号"卫星质量300千克，设计工作寿命3个月，任务为进行两层流体微重力科学实验、新技术演示验证试验、空间高能粒子探测和对策研究。1999年5月，"实践5号"卫星作为搭载星随一颗"风云

1号"气象卫星一起发射上天,进入高度870千米的太阳同步轨道。

"实践5号"卫星在轨运行期间成果丰硕。其中,在空间流体科学实验方面获得了微重力环境中大量的流谱图和液池内的速度场分布,获得了定常流和非定常流的对比图像,观察到毛细对流和浮力对流的耦合现象和大量以往未知的现象。对这些现象的规律进行研究,将推动微重力流体物理学的发展。

"海洋1号"卫星为试验性海洋业务卫星,用一台10谱段通道(可见光范围七个通道,近红外范围一个通道,热红外范围两个通道)的水色扫描仪获取海洋水色、海温和海冰等信息,用一台四谱段通道(可见光范围三个通道,近红外范围一个通道)的CCD(电荷耦合器件)相机重点监测海陆交互作用区(海岸带区域)的有用信息。由王希季指导和马兴瑞、张永维(相继任"海洋1号"卫星总设计师)领导研制的"海洋1号"卫星,既充分继承了"实践5号"卫星平台的技术成果,又采用了机械制冷(即用小型斯特林机对水色扫描仪的热红外探测器制冷)、单太阳翼驱动机(即驱动一个太阳能电池翼的驱动器)驱动双太阳翼、整电分散供电等在中国卫星上首次使用的新技术,从而使中国空间技术研究院的小卫星平台从试验走向了实用。

"海洋1号"卫星质量367千克,设计工作寿命两年,1997年立项研制,2002年5月15日与1颗"风云1号"气象卫星一起发射、进入高度870千米的太阳同步轨道。经星上的变轨发动机(单组元肼发动机)实施七次变轨后,"海洋1号"卫星于2002年5月27日进入预定的工作轨道——高度798千米的太阳同步轨道,并于同年9月18日交付国家海洋局使用,开始执行每天3次的在轨观测任务。

"海洋1号"卫星的成功发射和进行业务试运行,使中国首次具备了对沿海海域和全球海域的观测能力,为中国海洋卫星系列的发展奠定了技术基础,标志着中国的卫星海洋观测事业进入了一个崭新的发展阶段。

在"海洋1号"卫星交付使用一周年之际,北京空间飞行器总体设计部主办的《航天器工程》2003年第3期(中国"海洋1号"卫星专刊）对"海洋1号"卫星的研制和运行情况进行了较系统、全面的介绍。应《航天器工程》编辑部之约，王希季为该专刊做了如下题词："海洋1号"卫星是一颗创新的现代小卫星。卫星采用系统集成的星务管理、机械制冷等多项新技术。首颗卫星在轨道上就构成了应用业务系统，效果显著。卫星运行一年多以来，积累了丰富的数据。对卫星的研制工作和在轨数据进行分析和总结，能对我国卫星技术的提高与发展起很大的促进作用。"

王希季为《航天器工程》编辑出版中国"海洋1号"卫星专刊题词

第七章

载人航天
多创见

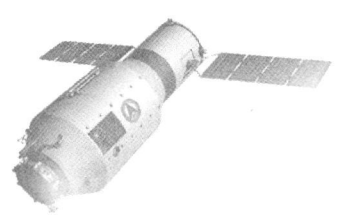

载人航天指用载人航天工程系统（由载人航天器、航天运载火箭、航天发射场、航天测控网、航天员和任务配套系统等组成的工程系统）把人送入轨道，在太空生活和工作的往返飞行活动。载人航天工程系统的规模和技术的复杂程度远比人造卫星等无人航天器工程系统大得多。载人航天是航天这门现代高技术领域中的一个高的台阶（高阶）。一个国家跃上这个高阶，既表明了这个国家航天实力和综合国力之强，更反映了这个国家开发太空、造福人类的能力之高。

世界载人航天从1961年4月12日苏联航天员尤·阿·加加林乘世界上第一个载人航天器——"东方1号"载人飞船成功地进行了环绕地球一圈的飞行以来，截至2015年，已通过载人飞船、航天飞机轨道器和载人空间实验室（又称太空试验室）、载人空间站等载人航天器进行了300多次时间长短不一（几小时、几天或几年）的载人轨道飞行，在太空不断创建出载人航天的惊世伟业。作为发展中的大国，中国在载人航天领域取得了举世瞩目的成就。

2003年10月15—16日，"神舟5号"载人飞船圆满地进行了中国首次载人航天飞行，使中国成为继苏联、美国之后世界上第3个掌握飞船载人航天技术的国家。此后，中国又于2005年10月发射了载2名航天员的"神舟6号"载人飞船，于2008年9月发射了载3名航天员并进行了中国航天员首次太空行走活动的"神舟7号"载人飞船，于2011年9月发射了"天宫1号"目标飞行器（可供3名航天员进入作短期驻留），于2011年11月发射了"神舟8号"无人飞船（用于和"天宫1号"飞行器共同进行交会对接试验），于2012年6月、2013年6月相继发射了载3名航天员的"神舟9号"和"神舟10号"载人飞船，于2016年9月、10月相继发射了"天宫2号"太空实验室（可供2名航天员进入作中期驻留）和"神舟11号"载人飞船（载2名航天员），于2017年4月发射了"天舟1号"货运飞船。上述这些成就，使中国进一步成为世界上第三个掌握了多人多天的飞船载人航天技术、空间出舱活动技术、空间交会对接技术、推进剂在轨补给技术和具有研制发射太空实验室能力的国家。王希季为中国载人航天事业的发展做了卓有成效的预先研究,提出了不少有创见的建议。

一、直言"曙光1号"载人飞船任务定位不当

1966年,当中国航天事业刚开始步入卫星工程研制之际,载人航天就已提上议事日程。当年3—4月,国防科学技术委员会主持召开了研究制定中国载人飞船的规划会议。会后,中国航天领域在研制卫星的同时,开展了载人飞船的预先研究。

1967年年初,王希季任总工程师的七机部八院根据上级的安排,开始进行中国载人航天发展途径探讨。此时,苏联已研制成功只可乘一名航天员的"东方号"卫星式(以下除特别指明外,省略这个冠词)载人飞船(该飞船于1961年4月至1963年6月共进行了六次载人轨道飞行,每次飞行的持续时间最短的为一个半小时,最长的为六天)和由"东方号"飞船改制而成的可乘2名或3名航天员的"上升号"载人飞船(该飞船只进行了两次为时均为一天的载人轨道飞行,一次于1964年10月载3人;一次于1965年3月载两人,其中一人出舱活动20分钟)。苏联从1962年开始研制的可乘3名航天员的"联盟号"载人飞船尚未进行载人飞行(该飞船首次载人轨道飞行于1967年4月进行,只载1名航天员,在返回时因故障导致航天员丧生)。美国已研制成功只可载一名航天员的"水星号"载人飞船(该飞船于1961年5月和7月各进行了一次载人亚轨道飞行;于1962年2月至1963年5月共进行4次载人轨道飞行,每次飞行的持续时间最短的为5小时,最长的为一天10小时)和可乘2名航天员的"双子星座号"载人飞船(该飞船于1965年3月至1966年11月共进行11次载人轨道飞行,每次飞行的持续时间最短的为5小时,最长的达13天18小时;进行了5人次共12小时的舱外活动,还进行过一次两船轨道编队飞行和五次与运载火箭末级的轨道交会对接试验)。美国于1961年开始研制的可乘3名航天员的

"阿波罗号"登月载人飞船直到1966年还未进行无人状态的飞行试验。该飞船首次无人状态的飞行试验于1967年11月进行，首次载人绕地球的轨道飞行于1968年10月进行，首次载人登月飞行于1969年7月进行。

七机部八院和有关单位根据世界载人航天的发展情况，就中国进行载人航天前是否还要用高等动物进行轨道飞行试验取得共识。他们认为，苏联和美国已把航天员送上天，人乘飞船可在太空短期生活，没有生命危险；且中国已成功地进行了五次火箭生物试验（参见第四章第五节），就没有必要像苏联和美国那样在载人航天之前先对高等动物进行亚轨道和轨道飞行试验。他们的这一观点得到上级领导的认可。与此同期，原拟研制发射载猴的生物火箭计划也被撤销。

1967年6月，王希季带领范剑峰（时为七机部八院火箭总体设计室工程组组长）等研制人员开始进行载人飞船总体方案的探讨。当时争议点主要在中国打算研制的第一种飞船——"曙光1号"飞船应载几名航天员。有人主张搞载一人的飞船，有人主张搞载两人的飞船；还有人认为中国的第一种飞船要超过美帝、苏修的载人飞船，不仅载人数量要多，而且还要把政治思想工作做到天上去，航天员中要有一名政治工作者（政委或指导员）。王希季虽然认为后面的这种主张脱离中国的实际太远，但在当时"政治挂帅"的氛围中也不便直接反对，而是根据苏联和美国载人飞船的发展现状和中国刚开始研制人造卫星的现实，指导研制人员重点探讨载两名航天员的飞船的方案。1967年年底，他们提出了载不同数量航天员的几种飞船的方案设想。

1968年2月中国空间技术研究院成立后，载人飞船总体方案论证人员于当年3月调入北京空间飞行器总体设计部，七机部八院就将"曙光1号"载人飞船总体方案论证工作移交给该总体设计部，王希季对载人航天的系统研究也暂告一段落。

1970年11月召开的曙光1号载人飞船总体方案论证评审会，通过了中国空间技术研究院根据飞船载人航天工程的要求提出的总体方案。该总体方案由两舱（乘员座舱和服务舱）组成，可载2名航天员，座舱（返回舱）采用弹道—升力方式再入地球稠密大气层，最后乘降落伞在地面垂直着陆，主要任务是进行对地观测。与此同期，从空军歼击机飞行员中选拔航天员的工作也在紧锣密鼓地进行。1969年10—12月普查了空军的1 918名飞行员，然后从初选出的215名飞行员中筛选出88名复试者，最后于1971年1—5月对87名（另一人因病住医院未参加）复试者进行了严格体检，从中选出了参加航天员培训的18名飞行员。

研制飞船载人航天工程系统需要解决的技术问题难度极大，需要投入的经费庞大。在"文化大革命"时期，国家无力支持这一工程的发展。1975年，中国决定飞船载人航天工程暂时停止进行。此后，"曙光1号"飞船的发展工作转为预先研究，并最终停止进行。由此，"曙光1号"飞船也就不能成为中国的第一种载人飞船。

对"曙光1号"飞船载人航天工程何以先"热"后"冷"，王希季做过认真的思考。在他看来，"文化大革命"造成的国家经济陷于崩溃局面只是一个因素，任务定位不当才是搞不下去的最主要和最直接的原因。也就是说，即使有了社会的一切支持，"曙光1号"飞船也不可能完成任务。王希季认为，载人航天工程系统发展第一阶段的任务主要应致力于突破载人航天的基本技术，首先要解决用飞船把航天员送入太空轨道进行短期生活和工作并使航天员安全返回地面的航天员进驻太空的技术；其次再试验航天员出舱到太空中去活动的舱外活动技术、试验飞船与其他航天器在太空轨道上进行交会对接的技术。而"曙光1号"载人飞船却把任务定在进行对地观测上，这就要求"曙光1号"飞船既要满足载人航天的要求又要创造对地观测的条件，从而使本来就很困难、很复杂的飞船系统变得难上加难、更为复杂。而且，拟装在飞船上的对地观测设备（遥感器）的技术指标要比装在同期研制的返回式0型遥感卫星上的遥感器的技术指标高得多，当时国内根本不具备研制能满足"曙光1号"飞船所要求指标的航天遥感器的条件。"曙光1号"飞船的有效载荷不落实，加上运载该飞船的火箭也不落实，"曙光1号"飞船搞不下去的结果在开始搞时就已预定。

王希季在直言"曙光1号"载人飞船任务定位不当的同时，对该工程取得的预先研究成果给以了充分的肯定。他认为，这项工程为中国培训了一批从事载人航天的技术队伍，创建了一批开展载人航天技术试验的大型设备，积累了航天员选拔和培训的宝贵经验，这一切为中国于1992年立项研制"神舟号"飞船载人航天工程系统打下了基础。

二、力主中国载人航天从发展飞船起步

1986年，中国制定了跟踪世界高技术前沿的"高技术研究发展纲要"（即"863计划"）。该计划源自4位中国科学院院士王淦昌、陈芳允、杨嘉墀和王大珩联名于1986年3月3日向邓小平等中央领导同志提出的"关于跟踪研究外国战略性高技术发展的建议"。他们认为，既然过去在国力还不如现今雄厚的情况下，中国能突破两弹（导弹和核弹）一星（人造卫星）技术；那么在改革开放使国力有了大提高之际，中国应该抓住机遇，把握世界高科技的发展方向，选择有限目标，进行重点突破。这份建议书，高度概括了包括王希季在内的上千名科技专家于此前几年进行的有关对中国如何迎接世界新技术革命挑战和对策的研究工作取得的成果，集中反映了中国科技界用高科技振兴中华和用高科技强盛祖国的迫切愿望。在建议书中，这4位院士强调，真正的高技术不是花钱能买来的，高技术的研究成果要达到实用程度必须花足够的气力和时间；发展高技术不仅要集中现有的科技力量出成果、而且应该培养出新一代高科技人才。高度重视科学技术的邓小平，于1986年3月5日审阅了该建议后，当即批示：此事宜速做决断，不可拖延。后来邓小平又于1988年10月明确提出，任何时候中国都必须发展自己的高科技，在世界高科技领域中占有一席之地。

在"863计划"提出的7个高技术领域和15个研究主题中，航天是重点研究、发展的领域之一。"863计划"要求中国航天领域坚持有限跟踪、适度发展、发挥优势、自主创新等原则，重点研究"发展性能先进的大型运载火箭"和"发展天地往返运输系统并在此基础上发展载

人空间站及其应用"这两个主题。

"863计划"的提出，为中国载人航天的再度兴起提供了契机。从那时起的相当长的一段时间里，王希季以极大的热情和较多的精力考虑中国载人航天方方面面的事，主管过中国空间技术研究院有关空间站及其空间运输系统的研究工作，带领研制人员深入探讨了苏联和美国发展载人航天的经验和教训，并在此基础上对中国应如何发展载人航天的全局性问题进行了探讨。

1986年3月，中国空间技术研究院开始空间站及其空间运输系统的研究。同年4月，王希季（时任中国空间技术研究院科技委主任）主持召开的中国第一次空间站研讨会，听取了北京空间机电研究所提出的采用飞船向空间站运人运货、载人飞船兼做轨道救生艇的建议，并责成该所负责进行多用途飞船的概念研究。以后，王希季又主持召开了中国第二、第三和第四次空间站研讨会。

在王希季的指导下，北京空间机电研究所钱振业（时任副所长，主管载人飞船论证）等论证人员，经过广泛收集、研究有关资料和实事求是地深入分析后，相继于1986年7月、1987年2月提出了《用弹道—升力再入式飞船作为空间站救生系统的方案设想》和《中国空间站的救生艇及其应用》两份研究报告。在后一份报告中，既论述了以飞船作为中国空间站轨道救生艇及近期天地往返运输系统的理由和意义，又给出了救生艇兼作载人飞船的具体方案，还明确提出了采用飞船作为空间站的轨道救生艇和空间运输系统是现今中国的国力唯一可以承担的方案。与此同期，王希季还指导北京空间机电研究所董世杰（时任所科技委主任）、李颐黎（时任飞船论证组负责人）等论证人员进行了中国载人航天发展途径的研究，提出了中国载人航天从发展飞船起步的建议。他们认为，用火箭发射入轨、按弹道—升力方式返回、用降落伞和缓冲火箭发动机在地面着陆的飞船是一种投资额度可承受和技术难度都不很大的载人载货的运输器，在时间上能保证在20世纪和21世纪之交时开始投入使用，符合中国的国情。为了促进空间站及其空间运输系统的研究，王希季指导编辑了中国空间技术研究院《空间站》系列文集。该文集既广泛收集了国外载人航天器及其相关技术的资料，又反映了该院在这方面的近期研究成果。王希季在为该文集撰写的总前言中指出："空间站对太空资源的开发，对航天技术及与其相关的众多科学和技术的发展都起着关键作用。中国航天战线有能力不断开辟航天活动的新领域，发展空间站是合理的选择，在 21 世纪初期建成中国的空间站是一个非常有意义的和可能实现的目标。"

1986—1990 年，是中国航天航空界众多单位、专家和学者就中国载人航天如何发展和以什么样的载人航天工程起步这个主题进行"百家争鸣"的时期。在王希季等中国空间技术研究院的专家力主从发展飞船起步时，另一些单位和专家也提出了各自经过认真研究后形成的建议，有代表性的为以下四种。

第一种意见是研制像飞机一样水平起飞和降落、以吸气式涡轮喷气发动机和火箭发动机组合做动力装置、可完全重复使用的两级空天飞机。它集航空技术和航天技术于一体，外形与当时美国拟发展的空天飞机相近。这种空天飞机虽然技术难度极大，但一旦研制成功，会使我国的航空航天技术进一步达到国际领先水平。

第二种意见是研制像火箭一样垂直起飞、像飞机那样水平着陆、可完全重复使用、以火箭发动机做动力装置的两级火箭飞机。火箭飞机的概念在 20 世纪 30 年代国外就有人提出。研制火箭飞机的技术难度也很大，既要突破新型高空高速飞机技术，又要解决以氢、氧、烃为推进剂的新型火箭发动机方面的难题。

第三种意见是研制垂直起飞、水平着陆、部分重复使用、以火箭发动机做动力装置、带主发动机的小型航天飞机（这里的小型是相对于美国航天飞机轨道器那种大型航天飞机而言的，其实它的质量也相当可观）。研制这种航天飞机可以利用我国大型运载火箭的基础，但需解决主发动机的重复使用问题，技术难度也相当大。

第四种意见是研制垂直起飞、水平着陆、部分可重复使用、不带主发动机、完全靠运载火箭发射入轨的小型航天飞机。当时，欧洲空间局和日本都在发展这种航天飞机。研制这种小型航天飞机需要发展近地低轨道运载能力达15~20吨的大型航天运载火箭，但顺应了当时国际航天发展的潮流（令人意想不到的是，因技术基础和研制经费不足，欧洲空间局于20世纪90年代初期就放弃了以这种航天飞机做运输器的空间站计划，日本的小型航天飞机计划在进行了一段时间对尺寸和质量比原型小得多的试验机的研制后也告终止）。

"863计划"航天领域专家组于1988年7月召开了空间站天地往返运输系统论证结果评审会。会议得出的主导意见是，中国目前还不具备发展空天飞机和火箭飞机的技术基础和投资强度，带主发动机的航天飞机研制难度比较大，可供进一步比较研究的是多用途飞船方案和不带主发动机的小型航天飞机方案。当时，专家组对拟进一步比较研究的两种方案的评分为：多用途飞船83.69分，不带主发动机的小型航天飞机84分。

此次会议后，王希季又指导北京空间机电研究所对多用途飞船方案的技术、经济可行性做了进一步论证。

在1989年10月航空航天工业部科技委主持召开的对不带主发动机的小型航天飞机和多用途飞船进行比较的会议上，李颐黎代表与会的王希季和北京空间机电研究所飞船论证组另2名负责人向会议介绍了多用途飞船，并从任务和要求的适应程度、技术基础情况、配套工程项目规模、投资规模、研制周期5个方面对小型航天飞机与多用途飞船进行了比较，提出了发展多用途飞船是中国突破载人航天技术、形成中国空间站的第一代天地往返运输系统和作为轨道救生艇的适合国情的最佳选择。1990年6月，中国载人航天从发展飞船起步在航空航天工业部范围内取得共识。

1992年，中国的载人航天迎来了"科学的春天"。当年1月8日召开的国务院与中央军委专门委员会（简称中央专委）会议认为，从政治、经济、科技、国防等诸方面考虑，发展我国载人航天是必要的，决定进行载人飞船工程的技术、经济可行性论证。同年8月1日中央专委会议一致同意中国载人航天分3步走：第一步，在2002年前发射两艘无人飞船和一艘载人飞船，建成初步配套的试验性载人航天工程，开展空间应用实验；第二步，在第一艘载人飞船发射成功后，再用一段时间突破载人飞船与其他航天器的交会对接技术，发射一个小型空间实验室，解决有一定规模的、一定时间内有人照料的空间应用问题；第三步，建立空间站，解决较大规模的、长期有人照料的空间应用问题。当年 9 月 21 日召开的党中央政治局常务委员会议，专题审议了中国发展载人航天的问题，决定中国载人航天从发展飞船起步，确定了中国载人航天的发展战略，批准中国载人航天工程上马。此后不久，从 1992 年 9 月立项开始研制的载人航天工程中的飞船以神舟命名。

"神舟号"飞船载人航天工程是迄今为止中国规模最庞大、技术最复杂的航天工程。该工程系统由"神舟号"飞船系统、"长征 2 号 F"运载火箭系统、酒泉卫星发射中心飞船发射场系统、飞船测控与通信系统、航天员系统、科学研究与技术试验系统、飞船着陆场系统等组成。其中，"神舟号"飞船可乘 3 名航天员，由三舱（轨道舱、返回舱、推进舱）一段（附加段）组成。飞船完成预定的载人轨道飞行任务后，轨道舱继续留在轨道上进行一段时间的科学研究和技术试验，返回舱由推进舱提供动力转入返回轨道；返回舱以弹道—升力方式再入地球稠密大气层，利用降落伞和缓冲火箭发动机在地面安全着陆。该飞船的总体和返回舱、轨道舱、附加段由中国空间技术研究院负责研制，推进舱由上海航天技术研究院负责研制。

在组合成"神舟号"飞船的 3 个舱段中：

位于中部的返回舱是唯一返回地球的舱段。这个密封的舱段，既是飞船起飞、上升直至入轨以及返回时航天员的座舱，也是飞船的指挥中心。该舱的外形与古代时钟（例如放置于北京钟楼里的明朝永乐年间制造的高 4.4 米、下口直径 2.4 米、重约 25 吨的报时铜钟）的形状相似，其前部有一个舱门与轨道舱相连，航天员通过这个舱门可以进入轨道段。

位于前部的轨道舱也是一个密封的舱段。该舱是航天员乘飞船在太空轨道飞行时工作、生活和休息的场所，主体外部为圆桶形。其后部与返回舱连接处设有舱门，航天员可以通过这个舱门进入返回舱。其主体外部两侧各装一个可单轴转动的太阳电池帆板（俗称翼）。在飞船被用作太空实验室、空间站的乘员运输器时，该舱前端部将设有一个供航天员进出的舱门，并将原先位于其前段的附加段改为对接装置。

位于后部的推进舱（也称设备舱）内部装有用于对飞船进行姿态调整和轨道维持等工作的多台火箭发动机。其主体外形也为圆桶形，主体外部两侧也各装有一个可绕单轴转动的太阳电池帆板。

包括王希季在内的中国航天界的一批元老级专家在参加论证会听取了"神舟号"飞船方案介绍后均认为，由戚发轫（时任中国空间技术研究院院长、"神舟号"飞船总设计师）带领研制人员提出的具有创新性的"神舟号"飞船方案具有下述的特点：一是起点高，能使中国飞船载人航天事业的发展跨越苏联和美国相继研制发射单舱式的单人飞船、双人飞船的阶段，直接进入像这两个国家第三代载人飞船——可载3名航天员的多舱式飞船的研制发射阶段；二是体现了"一方实验、多方受益"精神，做到"一船多用"，通过轨道舱自行供电（舱体外装的两个太阳电池帆板产生的电能可满足轨道舱在太空正常工作半年的需要）等措施使"神舟号"飞船在完成太空中的任务将返回舱分离出去时，不会像苏联和美国的第三代飞船那样把分离后的轨道舱（没有自行供电措施）作为太空垃圾，而是能在太空中继续进行空间科学实验和航天技术试验，相当于在发射飞船的同时又发射了一颗科学实验卫星，由此能极大地提高飞船的综合效益并使中华民族勤俭节约的优良传统在太空中得到体现。

王希季与杨利伟（后排中）等航天员在"神舟5号"返回舱前的合影

在"神舟号"飞船研制过程中，王希

季虽未在设计师体系内担任职务，但能以其具有的系统观和丰富经验对飞船及其各分系统的方案制订、技术攻关和产品质量保证提出了很多有价值的建议。他深知"人无完人、事无完事"的道理，因此，他对自己提出的建议和意见的态度是，正确的就坚持到底，不足的就加以完善，欠妥的就坚决放弃。他严格把关的精神和虚怀若谷的态度给研制人员很深的教育。

在"神舟号"飞船进行中国航天员首次出舱活动、太空行走时，航天员应该穿何种型号的出舱活动航天服的问题上，王希季再次表现出的为国争光的豪情壮志令研制人员感愧交加。与航天员在飞船密封舱内穿戴的舱内航天服相比，出舱活动航天服的结构要复杂得多、技术要先进得多、价格要昂贵得多。这种航天服由服装、头盔、手套和航天靴组成，其中头盔的结构最复杂。当时，俄罗斯拥有几种以"海鹰"命名的可用于卫星式飞船（指环绕地球运行的飞船）进行较长时间出舱活动的航天服。当王希季从会议上得知，"神舟号"飞船上的航天员将穿从俄罗斯引进的"海鹰型"航天服进行太空行走时，立即提出了反对意见。他激动地说，中国航天员进行第一次太空行走必须穿中国自己研制的航天服，不然的话，在试验成功后，俄罗斯政府给中国政府发来"祝贺贵国的航天员穿着吾国的'海鹰型'航天服在太空行走成功"的贺电，中国人的面子往哪里搁！他认为，中国总是要自己研制出舱活动航天服的，而且我们也已具备了这方面的研制基础，只要决心坚定、管理到位，供"神舟号"飞船进行航天员太空行走试验用的出舱活动航天服是完全可以搞得出来的。王希季的这一意见得到研制人员的赞同和上级领导的肯定。此后，通过中国航天员科研训练中心的奋力攻关，只用了不到 4 年的时间就完成了一般需要 8~10 年才能完成的任务，研制出一套可供"神舟号"飞船进行中国首次航天员太空行走使用的出舱活动航天服。这件事，曾在"神舟号"飞船研制人员中作为佳话流传。

在中国载人航天工程第二步交会对接任务的实施过程中，王希季就神舟号飞船选用何种航天器与之进行交会对接试验，提出了重要意见。原方案对接的目标飞行器是神舟号飞船的留轨舱,并称之为具有中国特色(一艘飞船就可完成交会对接任务)。王希季一直不赞成这个方案。直到一次由中国载人航天工程总指挥主持召开的讨论会上,王希季慎重提出,载人航天交会对接任务有5项:一是两个密封舱在轨交会对接;二是航天员从飞船转到目标飞行器;三是两体合成一体,由目标飞行器执行一体控制;四是航天员在目标飞行器内适度生活和工作;五是航天员返回飞船,一体分离成两体,航天员返回。王希季认为留轨舱不具有完成五项任务的功能,宜研制一种类似太空实验室的航天器来替代原设想使用飞船的留轨舱作为目标航天器。他的这个建议得到载人航天工程研制指挥系统的重视。事实上,以王希季为主在2000年1月完成的《合理发展中国空间实验室工程研究报告》就说,国家对跨世纪载人航天工程三步走的第二步的指导意见[约在2007年突破载人飞船与空间飞行器(如轨道舱)的交会对接技术,并利用载人飞船技术,改装(成)一个小型空间实验室,解决有一定规模的短期有人照料的空间应用问题]的这一表述中,对用神舟号飞船的留轨舱作为飞船的交会对接目标的提法用的是"如",即留有(选择)余地,而隐含在"第二步"中研制的空间实验室,说不定会用作突破交会对接(技术)的目标(航天器)。据有关研制人员介绍,20世纪60年代中期国外为突破载人飞船太空交会对接技术,苏联是用联盟号飞船追踪另一艘先前发射的不载人或载人的联盟号飞船,美国是用双子星座号飞船去追踪运载火箭的末级火箭。在神舟号载人飞船研制初期,设想用神舟号飞船的留轨舱做目标航天器很可能是参照了美国的做法,但更重要的是想试验对接装置的工作可靠性,以便发现问题加以改进。随着研制工作的深入,王希季以及一些研制人员认为,从世界范围来讲,

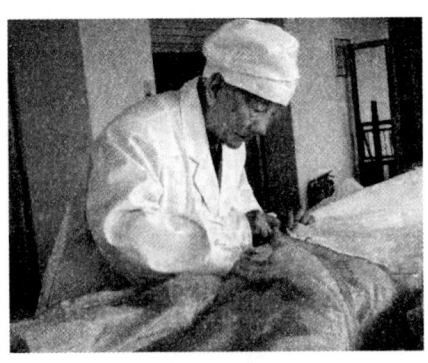

王希季在北京空间机电研究所检查"神舟号"飞船降落伞控制系统工作

对接机构通过近 40 年的发展，技术业已成熟，特别是对接机构完全可以通过地面试验来验证设计合理性，没有必要特意把这种试验拿到太空轨道上去做。于是，王希季等主张研制一个具有太空实验室主要功能的航天器，既用来突破交会对接技术，又用来试验航天员进驻太空实验室技术。这样做，虽然会使进行太空交会对接试验的时间稍许延后，但能为研制正式的太空实验室打下更好的基础。神舟号飞船设计师系统最终决定采用王希季等人的建议，研制"天宫 1 号"目标飞行器并将其送入预定的太空轨道。

"神舟号"飞船载人航天工程系统于 2003 年 10 月 15 日至 16 日胜利地进行了中国的首次载人航天。航天员杨利伟乘坐中国的第一艘载人飞船——"神舟 5 号"飞船环绕地球运行 14 圈，完成了预定的轨道飞行任务后，乘返回舱平安地返回地面。曾领导进行了"曙光 1 号"载人飞船方案设想、力主跨世纪中国载人航天从发展飞船起步的王希季，为中国成为继苏联、美国之后世界上第三个能研制发射载人飞船的国家，为中国航天进入用卫星进行无人航天与用飞船进行载人航天相结合的新时期而欣慰异常。10 月 16 日，他在接受新华社记者采访时用下面一段话高度评价了"神舟 5 号"飞船载人航天的壮举，他兴奋地说："这次航天飞行，完全可以说是圆满成功。从无人航天进入载人航天，我国航天事业跨了很大的一步，全世界只有 3 个国家跨入这个行列。"

王希季和与他一同投身于祖国航天事业的同事们，经过整整 45 年（1958 年 11 月至 2003 年 10 月）的努力和企盼，终于亲身见证了中国首次载人航天的胜利。在这不平凡的举国欢庆、世界震惊的时刻，无论是从艰难的起点走来，一路荆棘，仍然不懈努力，始终不弃的老一代航天人，还是秉承了航天精神，勇攀高峰，敢于实践梦想的新一代航天人，他们都在兴奋地奔走相告，诉说着喜悦与自豪，他们都在激动地欢呼跳跃，放声高歌。所有这些都难以表述他们心中对祖国的热爱，对航天事业的忠诚。

截至 2016 年，中国在载人航天领域已成功地发射了"神舟 1~4 号和 8 号"无人试验飞船、"神舟 5~7 号和 9~11 号"载人飞船以及可供航天员短期驻留的"天宫1号"目标飞行器和中期驻留的"天宫2号"空间实验室。看到这一连串的成就,王希季为中国跨世纪(20世纪与21世纪之交)载人航天工程已全面完成了第一步和第二步的发展任务感到万分的骄傲,殷切期待该工程第三步的发展目标早日实现。他认为,随着上述这些任务的圆满结束,我国业已掌握了载人航天领域中的航天员天地往返、在轨驻留、出舱活动、航天器在轨交会对接和航天器在轨加注推进剂等基本技术,具备了建造空间站的能力,我国的载人航天事业将进入建造空间站的新阶段。他深信,以现今中国的强大国力(我国已是世界第二大经济体,我国的国内生产总值GDP已从1978年的0.38万亿元增加到2017年的8.27万亿元,我国的财政收入已从1958年的370亿元增加到2017年的17.3万亿元)和中国载人航天工程研发队伍的优秀素质,以他现今身体的良好状态,亲眼见证中国空间站在太空建成决不会只是愿望。本书作者以及王希季的同事们对此深信不疑。

1999年国庆节王希季与杨嘉墀(右)在天安门观礼台上的合影

1999年9月18日,荣获"两弹一星"功勋奖章的王希季

据研制计划,中国将于2022年前后在近地轨道上建成本国的第一座空间站。该空间站由一个取名为"天和1号"的核心舱和2个实验舱组成(这3个舱段的质量均为20吨级),核心舱设5个对接口(分别用于对接2艘载人飞船、1艘货运飞船和2个实验舱),还设有1个供航天员出舱活动的出舱口。该空间站建成后,将成为继前苏联、俄罗斯建造的"和平号"空间站和美国等多个国家联合建造的"国际"空间站

之后，世界上在轨组装而成的第三个多舱室空间站；还可能在 2024 年（"国际"空间站计划退役年份）之后，成为全世界唯一的在太空服务的空间站。

三、剖析国外载人航天的得失之道

为了使中国在完成了"神舟号"飞船载人航天工程计划后能在载人航天领域有更大、更多的作为，王希季在 1997 年 2 月提交的一份与王旭东（时为北京控制工程研究所研究员）、王景泉（时为北京空间科技信息研究所副研究员）共同撰写的《国际载人航天活动的调整和中国载人航天》（以下简称《1997 报告》）中，对国外载人航天的得失做了认真剖析。

《1997 报告》认为，国外载人航天发展的历史表明，发展飞船载人航天工程系统是突破载人航天基本技术（包括运送航天员进入轨道的有关技术，航天员在轨存活、出舱活动和航天器交会对接等在轨技术，航天员安全返回和着陆的有关技术）的有效途径。苏联、美国和日本、欧洲空间局成员国都执行过突破载人航天基本技术的计划，但迄今获得成功的只有苏联和美国。无论是苏联还是美国，都是通过发展飞船载人航天工程系统实现了载人航天和突破了载人航天基本技术的。其中，苏联通过"东方号""上升号"和"联盟号"3 种载人飞船，美国通过"水星号"和"双子星座号"两种载人飞船实现了这种突破。苏联和美国在建立了载人航天的技术基础后，在载人航天事业上都有进一步的发展，取得了重大的成就。与此不同，欧洲空间局成员国，无视苏联和美国的经验，致使他们于 1983 年开始的以发展赫尔梅斯号小型航天飞机（不带主发动机）突破载人航天并建立哥伦布空间站系统的一揽子计划，在执行中遇到一系列技术上的困难以及预计经费一再突破原定和修订计划的规定而不得不于 1992 年取消。这样，世界上采用不通过发展载人飞船而通过其他途径以期突破载人航天技术的计划，就不了了之了。

《1997 报告》认为，美国于 1961 年开始、1972 年结束的"阿波罗号"飞船载人登月计划，在科学和技术上取得了巨大的成就。但美国在此计划后，并未继续进行这种活动，直到 1989 年才又提出"重返月球"的口号。美国载人登月经历了从极热到冷冻（历时近 20 年），又从冷冻到解冻的过程。很多人认为，"阿波罗计划"难以为继的主要原因是耗资太大和风险太大。事实上，阿波罗计划已经取得成功，耗资大和风险大的问题已基本不复存在，不应成为成功之后就终止的主要原因。真正的原因应是当时还没有能力在月球上为航天员创造供他们较长时间的适合生活和工作的环境（乘"阿波罗号"飞船登上月球的 6 组共 12 名航天员累计在月面停留的时间约 300 小时·组，进行月面考察的时间约 80 小时·组），尚不具备使航天员能够在月面上从事那些非人参与不能完成的科学、技术和生产工作的能力。因此，"阿波罗计划"只能做到航天员登上月球和显示航天员能够在月面活动的程度。人类何时重返月球取决于对月球环境的深入认识和了解，取决于空间科学和技术的发展程度，取决于为航天员创造适宜生活和工作环境的能力大小以及开发利用月球的目标确定等因素。开发利用人类共有的月球，建立月球基地是一项规模空前巨大的工程，走国际合作共同开发之路势所必然。

《1997 报告》认为，载人空间实验室是发展空间站的基础。在诸多文献中，往往将空间实验室和空间站混为一谈，没有从性质上把两者区别开来，也没有分析过两者发展之间的关系。现已出现过的空间实验室和空间站都是运行于近地低轨道的、可供航天员巡访的载人航天器。其中，前者是为后者开路的，试验航天员在太空短期或较长期生活、训练航天员在太空的工作能力和验证空间站功能的工程系统。因此，空间实验室的寿命一般不太长，不具有在轨道上进行物资、设备补给的能力，一般在发射时就基本带足它在寿命期间所需的物资和设备。相对空间站而言，空间实验室规模较小，寿命较短，技术较为简单。空间站则是一个能为多名航天员多次巡访提供适合于他们在太空轨道上较长期或长期生活和工作的场所的载人航天器。为此，空间站的运输系统一般除运人系统外，还需要有适当规模的运货系统。空间站要有自主控制、自主补给、检修和更换设备的能力，应该能变换和扩大它的功能。从而，要建立一个空间站系统就必须在突破了载人航天基本技术后，继续攻克适应长时间在轨道上运行的大型航天器的有关技术，攻克适应补给、更换和维修的有关技术，攻克有关航天员适应空间站任务的技术，攻克有关在轨道上组成多舱式空间站的技术等。在尚未突破载人航天基本技术或是在突破了载人航天基本技术之后就贸然决定发展空间站，从国外情况来看其结果都是"半途而废"。而苏联正是在1971—1977年通过"礼炮1~5号"五个空间实验室攻克了一系列的难题，取得了航天员在轨道上较长期生活和工作的经验后，才于1977年、1982年相继发射了"礼炮6号"和"礼炮7号"单舱式空间站，于1986年开始发射"和平号"多舱式空间站（该空间站于1996年由俄罗斯最终建成）。美国虽然在1973年发射过天空实验室，但还是要借助俄罗斯在长期载人航天领域的优势，才将其提出的并在执行过程中遇到重重困难的"自由号"空间站计划于1993年演变成为以美国、俄罗斯为主和有欧洲空间局的11个成员国、日本、加拿大、巴西参加的国际空间站计划。由此看来，在突破载人航天基本技术后，还需要先发展适当规模的空间实验室，以攻克发展空间站必须的部分或大部分新技术，为发展空间站取得经验和创造必要的条件，在条件成熟的时候才能发展空间站。

《1997报告》认为，美国航天飞机取得了重大成就，突破了重复使用技术，但不足以效法。美国航天飞机是世界上第一种集运载器和运输器功能于一身的载人航天器、第一种甩掉逃逸救生器的运载器、第一种既运人又运货的运输器、开水平着陆先例的返回器、首次攻克了多次重复使用技术的航天器、有足够密封舱容积可供空间实验室使用的运输器、第一种引入航空技术的航天器、第一种可在轨道上捕获并运回其他航天器的航天器、第一种实现在轨道上修理其他航天器的航天器。美国航天飞机未能实现原设想大幅度降低发射费用的原因：一是方案过于复杂，集运载器、运输器、空间实验室、发射航天器、运人运货和可重复使用的航天器于一身，使其为达到主要目标的努力难以实施和研制费用大增（达200多亿美元）；二是没有估计到重复使用重复发射不可避免的检测、维护、维修、更换和保养的工作量很繁重和耗费很大（发射费用每次 5 亿美元）；三是没有预计到实际能达到的年发射频率比设计的年发射频率（每年 50 次）小得多。美国的航天飞机从技术上看水平不低，但发射和维持费用过高又没有降低费用的办法，还发生了"挑战者号"轨道器于 1986 年 1 月 28 日机毁人亡（7 名航天员丧生）的重大事故（注：2003 年 2 月 1 日，"哥伦比亚号"轨道器在经过 16 天的太空飞行后返回地球稠密大气层时在空中爆炸解体，导致乘坐的 7 名航天员丧生），故美国已于 1994 年决定不再投产（注：2011 年 7 月 8 日，美国"阿特兰蒂斯号"轨道器发射上天，开始了美国航天飞机最后一次飞行，这次飞行也是美国航天飞机的第 135 次飞行。乘坐过美国航天飞机的航天员来自 16 个国家，总计有 355 人、852 人次）。从美国航天飞机兴起、辉煌一时到尽力维持并将寿终正寝的历程看，发展美国航天飞机这样的航天器不足以效法，重复使用的航天器不见得就是经济的。

《1997 报告》指出，根据国外载人航天发展计划已从 20 世纪 80 年代中期的"好高骛远""贪大求全"演变到 90 年代中期的较为冷静、务实和稳妥，各航天国家纷纷调整发展目标，缩小发展规模和延缓发展速度的客观情况，建议中国航天界应冷静观察国外载人航天的发展趋势，从中获取有益的经验和教训，在此基础上，结合中国的国情，从较长远和较全面的角度对中国载人航天的发展目标和发展步骤做进一步的研究和论证。

四、探讨什么样的载人航天才能创造经济价值

为什么要发展航天技术和载人航天？现有的载人航天是否已经到了可以获得回报（创造经济价值）的时候了？什么样的载人航天可以较快地创造经济价值？是人们普遍关心的问题。

王希季于 2002 年 7 月提交的一份与李大耀（时已退休）、于家瑛（时为中国空间技术研究院研发部副总工程师）、董毓明（时为北京空间飞行器总体设计部研究员）和王旭东等共同完成的研究报告《发展

中国载人航天的讨论》（以下简称《2002报告》）对这些问题进行了有益的探讨。

《2002报告》认为，人类发展航天技术，总的来说要达到3个目的。一是观测、探测、研究和了解、认识太空从而更深入地认识人类的生息之地——地球和

王希季在报告他的研究成果

人类自己，与此同时在太空寻找、发现新的资源，为开发利用太空资源（参见第九章第一节）做准备。40多年来，世界各国为实现此目的而发射的各类航天器有5 000多个。二是开发利用太空资源，造福全人类。迄今为止，发射到轨道上去的航天器中，大多数是利用太空高远位置资源和太空高真空资源开发信息类产品的航天器（其中，90%左右为人造地球卫星）。由此形成的天基信息产业已发展达到了数以千亿美元的产值，天基信息系统已成为现代社会有机的、不可或缺的组成部分，极大地影响和推动着人类社会和文明的进步。太空能源和物质资源的开发利用，在当前和可预计的未来还处于研究和试验阶段，还需要相当长的时间来创造必要的条件。三是扩大人类的生存空间。正如航天先驱俄国科学家齐奥尔科夫斯基于1911年在一封信中所写："地球是人类的摇篮。人类绝不会永远地躺在这个摇篮里，而会不断探索新的天体和空间。人类将首先小心翼翼地穿过（稠密）大气层，然后再去征服太阳系。"第一个登上月球的美国航天员阿姆斯特朗于1969年7月20日22时56分（美国东部时间，相应的格林尼治时间为21日凌晨2时56分）踏上月面后迈出第一步时说："对一个人来说，这是一小步。对人类来说，这是巨大的一步。"这"巨大的一步"就是人类在地球之外扩大生存空间的第一步。

《2002报告》认为，发展载人航天不仅是为了把人送上太空，而且是为了开发利用太空信息、太空能源和太空物质资源，为了开发利用太空高远位置资源去发展太空服务业务和天基航天，为了今后去扩大人类

的生存空间。开发利用太空能源和太空物质资源,在现在和可预计的未来,还很难做到全部或基本自动化,需要人在太空现场参与工作,解决那些靠机器(含机器人)不能完全解决或难以解决或代价过于昂贵的问题。迄今为止,航天技术及其产业的基本发展模式是在地球上做好一切工作(包括航天器设计、制造、总装、发射等)的"地基发展"模式。地基发展模式的航天器一旦被发射进入轨道后,一般(除了空间站、极其昂贵的卫星等个别者外)具有不可维修、不可替换、不可加注、不可改变或调整功能、不可组装"五不可"特点。减少投入和降低风险始终是地基航天的头等重要的课题。改变航天技术及其产业的发展模式,发展太空服务业务,在太空凭借航天员的能动性和创造性,把上述"五不可"的航天器变为"五可"航天器,把过去一些在太空不得不放弃的工作由航天员承担起来,把地上的一些工作转到太空中去做,把完全的"地基航天"发展成"地基航天"与"天基航天"相结合,是一种可实现的、能创造高价值的载人航天。

《2002报告》认为,无论是过去规模最大、水平最高的"和平号"空间站,还是现在已具备初步载人飞行能力和正在继续建造的将比"和平号"空间站规模更大、水平更高的国际空间站,都是进行科学研究和技术试验的空间站,而不是应用型的和可创造直接经济效益的空间站。"和平号"空间站从1986年2月20日开始发射核心舱,到2001年3月23日由地面指令坠毁,共在太空运行工作了15年。在此期间,先后有28个长期乘员组和16个拜访乘员组共12个国家135人次航天员(除大部分为苏联或俄罗斯航天员外,还有美国、英国、法国、德国、日本、叙利亚、保加利亚、阿富汗、奥地利、加拿大和斯洛伐克的航天员)在"和平号"空间站上生活和工作过。这些航天员除了维持"和平号"空间站的正常运行和工作外,共完成了20多个研究和试验计划、2.2万多个研究和试验项目。直至坠毁之日,"和平号"空间站仍然只是一个有人参与的研究和试验型的空间站。美国航空航天局曾组织一批专家对国际空间站的商业前景做过研究,认为在近期内它只能在旅游、教育和广告等方面小有作为。准备在国际空间站进行的物理科学研究、生命科学研究和天基观测研究，预期还不一定能够有重大的突破，即便能有突破也不一定就能在国际空间站上进行一定规模的生产并获得高的商业利益。这表明，载人航天虽然应用前景光明，但至今无论外部需求还是本身状态都还没有达到进入应用阶段的条件。换句话说，现阶段的载人航天主要是一个投入（即花钱）的阶段，是一个花钱去做研究和试验，在研究试验的基础上做些开发和演示工作的阶段，是一个离应用有相当距离、还不能期望获得回报的阶段。

《2002报告》认为，"和平号"空间站和国际空间站都把利用站上的微重力环境开发物质产品（如高新材料）定为主要任务之一，不过这方面的工作迄今仍处于研究和试验阶段，远未能达到商业化的程度。但从过去所做的大量的、有成效的工作看，有望在难混合金材料、晶体生长和生物制品、药品提纯等方面开发出一些有商业价值的产品。由科学研究成果转化成技术产品需要有一个过程，不是可以一蹴而就的。期望很快就能以这方面的进展去获取回报，并不现实。

《2002报告》认为，除了以利用站上的微重力环境开发物质产品为主要任务之一的空间站可望创造经济价值之外，利用空间站所处的高远位置开展太空服务为主要任务之一的空间站也能创造经济价值。太空服务是天基航天的组成部分。天基航天一般指在轨道上建立贮存、装配和维修的场地（也可叫作太空基地），把航天器复杂的展开工序由风险较大的自动展开改变为在太空轨道上由人工可靠地展开，把大尺寸的航天器分段或分组（分件）运到太空基地由航天员去组装，把在太空轨道上已失效的航天器拖到太空基地去进行维修，对太空轨道上已用尽推进剂的航天器进行补给加注等。也就是说，通过太空基地和值勤的航天员，把地基航天不能进行的展开、组装、维修、加注等一些服务性的工作尽可能地移植到太空轨道上去进行。国外在开展太空服务方面已有一定的实践经验。例如，"和平号"空间站是由航天员在太空轨道上参与组装才建成的，美国航天飞机在太空轨道上维修捕获到的有故障的卫星。但这些太空服务工作，除空间站本身需要外，大多为应对偶发事件而进行，因而所取得的经验也是零碎的、非系统化的。以开展太空服务进行天基航天作业为主要任务之一的空间站需要有一个适当的、为对象航天器服务的操作平台，需要配备一个能在太空轨道上捕获、拖运、送返或释放对象航天器的轨道转移飞行器。发展这种空间站系统所需的科学技术基础和条件主要是关键技术的突破。一旦突破了所需的关键技术，就可以进入工程的演示和实施阶段，从而也就可以对投入产生回报。一颗卫星的价值高达几千万美元甚至几十亿美元（美国哈勃空间望远镜的研制和发射费用达 21 亿美元），使一颗卫星"起死回生"，产生的经济价值是不言而喻的。

《2002 报告》认为，从长远看，载人航天在利用太空太阳能资源开发电能、利用开发月球资源（最吸引人的是月球表层土壤中的氦的同位素氦 3）和在月球上、火星上扩大人类生存空间等方面可能会有所作为。其中，第一项尚处于预先研究和方案设想阶段，需要解决在地球静止轨道上如何建设巨型太阳能电站以及如何把建站的物资运送上去等诸多问题，如没有强烈的需求推动恐怕难以实现，即使有强烈的需求也需待以时日才可办到；第二、第三、第四项还需要做大量的探测、试验和研究、论证工作，才能回答能不能和值不值得去做的问题，在这些问题没有一定程度的肯定答案之前，不会有实质性的进展。

《2002 报告》认为，载人航天应以人为本。载人航天工程应该创造人进入太空和在太空生活、工作的条件，应该主要去做那些必须有人在太空参与才能进行或实现的事情。把不需要人在太空参与就能进行或实现的任务，用载人航天工程去进行或实现，其结果得不偿失。最明显的例子是美国"阿波罗"载人登月工程和美国的航天飞机。前者处于载人航天发展的早期，当时对人在太空的作用和认识还不很清楚，做了一件本不该或无须由人去做的事情。后者想通过载人实现重复使用来达到降低发射费用，结果适得其反。国外载人航天工程的实践表明，不宜在载人航天工程中去做那些用无人航天器能够做甚至能够做得更好、更省的事情。把那些不以人为本和不需要人就能做到的事情，放到人造卫星等无人航天器上去做，可节省投资，降低风险。反之，把这些作为载人航天工程的主要任务，则会造成大的浪费，甚至还会影响载人航天甚至整个航天事业的发展。

《2002报告》认为，载人航天要发展到可提供一定的太空服务和可生产一定的太空产品，还要解决许多科学和技术问题，还要投入巨大的资金和力量，还要付出艰巨和长期的努力。载人航天是一项巨大的、长期性的工程，需要长期的、持久的投入。在和平与发展已成为当代世界主潮流的今天，美国、俄罗斯等国已把载人航天从重点投资项目改变为经常投资项目，载人航天的投资只占航天总投资的20%左右，已把航天的发展重点转向建设空间基础设施上来。

第八章

开拓天疆的
几个构想

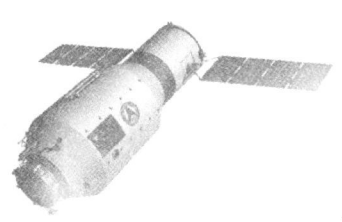

太空——人类在20世纪50年代才开始进入的新疆域，原则上是对任何国家、任何人都开放的，是为全人类所共有的。联合国第22届大会于1967年12月10日通过的有关太空的第一个条约——《关于各国探索和利用外层空间包括月球和其他天体活动所应遵循原则的条约》（简称《外层空间条约》）明确规定，太空是全人类的开发范围，各国有权探索和利用太空，但绝不能通过主权要求、使用和占领或其他任何方法据为一国所有。根据《外层空间条约》的规定，各国不具有像领土权、领海权、领空权那样的领天权。但实际上，只有那些拥有航天器的国家（包括政区和组织，下同），特别是掌握了航天技术的国家，才能在太空占有或大或小的一席或一片之地，才能在太空进行或多或少的开发利用活动，从而才能自主地从太空获得那些从领土、领海和领空中难以获得或不能获得的巨大利益。一个国家在太空设置了功能可资利用的航天器，特别是在太空设置了能长期稳定运行的、可为社会多个方面提供所需信息和产品的航天器，并在地面设置了与其配套的系统（两者组成了空间基础设施），不仅可以促进这个国家在科学、技术、经济等方面的发展，而且表明这个国家在开拓天疆的事业中取得了进展。一个国家用主权归其所有的航天器、空间基础设施占据了太空的一部分（相对于广阔无垠的太空，这只是微不足道的一部分）并开发利用了一些太空资源（相对于极其丰盛的太空资源，这只不过是沧海一粟），就相当于这个国家把其权力范围延伸到了太空，把其疆域扩大到了太空。中国的空间技术在发展中国家中位居首席，并在若干重要领域达到世界先进水平。中国在开拓天疆的事业中应该有更大的作为，以更好地满足社会主义现代化建设、全面建设和建成小康社会的需求，为人类的和平与幸福做出更多的贡献。为此，王希季在近20年间与他人合作提出了建设中国的空间基础设施、天基综合信息网和中国第二代卫星导航系统以及研发中国的太空太阳能电站等建议。

一、提出建设中国空间基础设施的思路和途径

空间基础设施是由部署在太空的、能为多方面提供长期、稳定的功能服务的航天器与其地面配套设施构成的工程系统。空间基础设施是一个新的提法，但不是一个新的概念。它已成为发达国家基础设施的组成部分，如美国国家"信息高速公路"（指能够高速运行传递文字、图像、声音等信息的通信网络，美国于20世纪90年代提出建设计划）中的卫星通信系统（通信卫星及其地面配套设施组成的系统）就称为空间基础设施。中国常说的"长期、稳定运行的卫星应用系统"，从性质上讲也属于空间基础设施。

王希季在1998年就发表了论文《建设我国的空间基础设施》，1999—2000年又带领课题组完成了研究报告《中国天基综合信息网》。在此基础上，他于2001年6月和闵桂荣、庄逢甘（1925—2010，中国科学院院士）、张履谦（1925—　，中国工程院院士）联名向中国工程院提交了研究报告《建设我国空间基础设施》（以下简称《2001报告》），对国外空间基础设施的发展现状、中国建设空间基础设施的思路和途径等方面进行了详细的论述。

《2001报告》认为，美国、前苏联、西欧、日本等在20世纪80年代就把建设空间基础设施置于战略发展的高度，并通过80年代末期到90年代初期对航天发展计划的大调整，兴起了发展和建设各种长期稳定运行的、具有地面所需功能的、可供多方面用户使用的卫星和星座及其地面配套设施的高潮。现今，国外运行中的空间基础设施可分为通信（信息传输）类、遥感（信息获取）类、导航（信息发布）类、监视（信息截取）类和预警（信息预告）类。它们都与信息有关，统属于空间信息基础设施，或称为天基信息基础设施。

《2001报告》认为，经过40多年的发展，中国的空间技术已经有了较好的基础和条件（注：截至2016年，进入预定太空轨道的中国自行研制或与国外联合研制的航天器已超过300个，其中包括载人航天

器8个），在20世纪90年代初期就具备了建设国家急需的空间基础设施的条件和能力。但时至今日，中国拥有的空间基础设施并不多，远不能满足国民经济等部门的需求。造成这种局面的原因是多方面的，包括在过去一段时间内对太空重要性的认识不够，对空间技术的认识也有一个深化的过程（参见第九章第二节），未能及早认识和决策发展空间基础设施等。为了在现今信息时代中夺取信息优势、取得制信息权，中国应从陆（陆地）、海（海洋）、空（稠密大气层）、天（太空）一体化的角度，把决策建设中国的空间基础设施，特别是空间信息基础设施提上议事日程。

《2001报告》从历史的角度分析说明了以不同方式扩大主权范围和开拓疆域是强国的一条道路，指出现今的世界强国无不致力于天疆的开发。相比之下，中国人开拓天疆的意识还不够强，有待加强。建议中国将开拓天疆作为国策之一。

《2001报告》认为，现阶段中国的空间基础设施严重不足，而国民经济发展在地理信息、大气观测、海洋探测、通信广播、导航定位、环境监测、资源勘探等方面对空间基础设施的需求十分迫切。要全面建成基本上能适应中国经济高速发展需要的信息类空间基础设施，无论从技术上看，还是从国民经济的承受力看，都不是短期内能办到的。因此，需要根据需求的紧迫程度和技术、经济能力，采取急用先上，循序发展的方针，在一定时期内逐步建成。

《2001报告》认为，建设空间基础设施是国家战略层次上的重要任务，事关开拓天疆的大局。从国民经济的迫切需求看，建议：大力发展通信广播类空间基础设施，将气象观测类空间基础设施在现有的基础（"风云1号"和"风云2号"卫星气象系统）上提高性能，将中国和巴西联合研制的"资源1号"卫星及其应用系统规划成国土资源类空间基础设施，将导航定位类的空间基础设施从区域性的"北斗1号"卫星导航系统逐步发展成为全球性的卫星导航系统（参见第八章第二节），发展地理信息类空间基础设施、海洋探测类空间基础设施和灾害与环境监测类空间基础设施等。

《2001报告》认为，上述这些空间信息基础设施都不是综合主功能（任何一种卫星都可以用多个功能性技术指标加以描述，或者说任何卫星都是综合了多种功能的卫星）较多的空间基础设施，而是主功能较少的空间基础设施。发展主功能较少的空间基础设施，符合中国现在的技术发展水平，能较快较省地满足紧迫的需求。但是，主功能较少的空间基础设施不能提供综合性信息，更不能提供经综合处理、融合、提升后的知识和决策。解决这个问题的办法就是建立综合信息网，将各种空间基础设施取得的信息和从陆、海、空取得的信息都纳入综合信息网。这种以各种空间基础设施为主的信息获取设施与综合信息网组成的大系统称为天基综合信息网。它是适应中国国情的"分布式设置、网络综合"的信息网。

《2001报告》认为，建设中国的天基综合信息网，首先应该从实际的需求出发进行顶层设计（指从顶层——国家层面进行宏观的、总体的、全局的、长远的谋划与设计）；其次按系统论和系统工程论的原则自上而下地分配给各空间基础设施应具备的功能性指标。考虑到历史上的原因，中国会有一部分卫星是天基综合信息网大系统没有提出或考虑不够成熟、主要由技术专家的倡议和业务部门的推动而发展起来的卫星。这些卫星需要在必要和可能的条件下对功能作适当的调整，以纳入天基综合信息网大系统的要求之中。

《2001报告》提出，中国的天基综合信息网应分阶段、分步骤地建设。第一步，有效地利用中国在轨的和正在研制的卫星，将其纳入中国天基综合信息网的规划蓝图，作为起步的基础。第二步，建设管用的"初级"天基综合信息网，使其成为建设能有效地支持国家发展和开拓天疆的中国空间信息基础设施的示范。第三步，结合中国的实情，从满足最终需求出发，根据顶层设计制定的发展蓝图，分步骤、有序地发展中国空间信息基础设施。

《2001报告》认为，上述第一步的实施标志着中国空间技术已从发展航天器进驻太空技术为主的阶段转向发展航天功能运用技术和建设空间基础设施为主的阶段，第二步的实施将使中国的空间技术进入满足国家急需和逐渐适应国家发展的阶段，第三步的实施将使中国开拓天疆的事业达到一定的规模。

中国工程院于 2001 年 5 月召开的评审会认为：王希季等提出的《建设我国的空间基础设施》的研究报告，是一份有创见的、及时的、系统性和操作性强的咨询报告，有重要的战略意义。

在王希季等专家的建议和推动下，中国对空间基础设施的建设日益重视，并于 2015 年发布了《国家民用空间基础设施中长期发展规划（2015—2025）》。该规划指出，中国（民用）空间基础设施正处于转型发展关键期，技术能力从追赶世界先进技术为主向自主创新为主转变，服务模式从试验应用型为主向业务服务型为主转变，行业应用从主要依靠国外数据和手段向主要依靠自主数据转变，发展机制从政府投资为主向多元化、行业化发展转变。中国计划在"十三五"规划期间构建形成卫星对地遥感、卫星通信广播、卫星导航定位三大系统，基本建成国家民用空间基础设施体系，提供连续稳定的业务服务。中国民用空间基础设施的首颗业务型卫星——"资源 3 号" 02 星已于 2016 年 5 月 30 日成功发射。

二、建议中国第二代卫星导航系统的建设分步实施

卫星导航指的是利用导航卫星对地面、海洋、稠密大气层以及太空中的用户进行导航、定位和报时。现今，卫星导航一般采用时间—测距法。这种方法依据的是精确测量出的卫星发送导航信号传到用户的时间，用该时间乘以光速（即无线电波在大气中的传播速度）就得到用户与卫星的相对距离。

于 2000 年 12 月初步建立、2003 年 6 月完整形成的"北斗 1 号"卫星导航系统是中国的第一代卫星导航系统。该系统的建立和形成不仅使中国成为世界上第三个拥有卫星导航系统的国家，而且使中国成为世界上第一个利用地球静止轨道进行卫星导航的国家。

"北斗 1 号"卫星导航系统是基于时间—测距原理的、用两颗地球

静止轨道导航卫星对它们共同覆盖区内的用户进行定位的区域性卫星导航系统。该系统设有一个对时间进行统一管理和配备数字高程图的地面中心,其导航信息的传播流程如下。

由地面中心发送一个无线电询问信号经过两颗卫星(A星和B星)转发给用户,当用户需要定位时则应答这个信号,并再经过A星和B星将应答信号返回到地面中心。地面中心接收到应答信号后,就可根据信号一发一收的时间差乘以无线电波在大气中的传播速度(即光速)计算出地面中心到卫星再到用户的距离。由于地面中心的地理位置是已知的,A星和B星的地理位置也可以由轨道测量精确定出,于是就能得到A星和B星与用户的距离。显然,用户一定位于定位时刻以A星和B星分别为球心、以A星与用户的距离、B星与用户的距离分别为半径的两个球面的交线圆弧上。同时,用户也必然位于以地心(地球中心)为球心、以地心到用户的距离(由数字高程图提供)为半径的非均匀球面上。求解出上述圆弧线与非均匀球面的交点,就得到定位时刻用户地理位置的3个坐标值。

与利用时间—测距法原理业已建成的美国"导航星"全球定位系统(代号GPS,其导航星座由分布于6条倾角55°、高度20 182千米轨道上的24颗卫星组成)和俄罗斯全球导航卫星系统(代号GLONASS,其导航星座由分布于3条倾角64.8°、高度19 130千米轨道上的24颗卫星组成)相比较,"北斗1号"卫星导航系统既有特色又有差距,主要反映在以下几方面。

GPS和GLONASS不需要由地面中心辅助定位,可为全球用户提供高精度导航信息;"北斗1号"卫星导航系统只是一种区域性的精度较高的导航系统。

GPS和GLONASS使用分布在几条倾斜轨道上的24颗卫星;"北斗1号"卫星导航系统只使用2颗地球静止轨道卫星(另有1颗轨道备份星),卫星数量少。

GPS和GLONASS为无源三维导航定位系统,不需要用户发上行信号;"北斗1号"卫星导航系统本质上是有源二维导航定位系统。

为了克服"北斗1号"卫星导航系统在系统用户容量、导航定位维数等方面存在的不足以及在体制上不能与GPS、GLONASS兼容的问题，童铠（1931—2005，中国工程院院士）等中国空间技术研究院的专家在北斗1号卫星尚未发射之时就探讨了如何使中国的卫星导航系统由区域性的"北斗1号"卫星导航系统向全球性的卫星导航系统发展的问题，提出了中国的第二代卫星导航系统的设想。

经过研究，他们认为中国的第二代卫星导航系统在体制上，应做到用户不需发送上行信号，也不再依靠地面中心对时间进行统一管理和提供事先准备的数字高程信息，而是直接通过接收卫星导航信息来进行定位。为此，既需要研制高精度的星载原子钟（利用铯、铷等原子的稳定振荡频率制成的极精密的计时器，计时误差每天可小于1×10^{-6}秒），又需要发展合适的导航星座，使用户在每一时刻都能至少为4颗地理位置已知的卫星所覆盖。这样，用户就可以用这4颗卫星发出信号的到达时间（由用户时钟测定）与信号的发出时间（由星上时钟给出）之差乘以光速得到的距离量，建立其地理位置与4颗卫星地理位置之间的4个距离方程，求解这4个方程即得到定位时刻用户所在地理位置的3个坐标值以及用户时钟与星上时钟之间的系统误差。经过计算，他们得到用分布于3条倾角55°、高度20 180千米轨道上的24颗卫星，可以满足全球导航要求。

作为中国空间技术研究院的技术顾问，王希季对童铠等所做的上述这项创新性的研究工作很关心和重视，认为他们提出的中国第二代卫星导航系统的设想是一个很好的设想。后来，他在2002年12月与梁思礼（1924—2016，中国科学院院士）联名提交的《发展我国第二代卫星导航定位系统的讨论》的研究报告中，支持童铠等提出的方案，并建议中国第二代卫星导航系统的建设按先实现区域（首先保证中国国内及附近海域的高精度导航需求）导航、后实现全球导航的原则分两步实施。第一步，用9~12颗中高轨道卫星组成的子星座与3颗地球静止轨道卫星相结合（后者用于区域加强，以满足民航提出的导航要求），建成适用于北半球北纬55°以南、120°经度范围的区域性卫星导航系统。第二步，组成 24 颗中高轨道卫星星座，建成高精度、区域加强的全球卫星导航系统。这样做，有利于合理的分配投资，比较符合中国的技术经济条件。

王希季等为发展中国第二代卫星导航系统于 2002 年提出的建议，与 2004 年被批准立项研制、2007 年开始建设的"北斗号"卫星导航系统，在实施步骤上是不谋而合的。2016 年 6 月 16 日，国务院新闻办公室发表的《中国北斗卫星导航系统》白皮书（一国政府发表的以白色封面装帧的重要文件或报告，为一种代表政府立场具有权威性的官方文件）阐述了北斗卫星导航系统建设分如下所述"三步走"的发展战略：第一步（1994—2003 年）建设"北斗 1 号"卫星导航系统，为中国用户提供定位、短报文通信等服务；第二步（2004—2012 年）建设"北斗 2 号"卫星导航系统，为亚太地区用户服务，系统星座由 5 颗为地球静止轨道卫星、5 颗倾斜的地球同步轨道卫星和 4 颗中高轨道卫星组成，服务区为南纬 55°～北纬 55°、东经 55°～180°，定位精度优于 10 米，测速精度优于 0.2 米/秒，授时精度优于 50 纳秒；第三步（2009—2020 年）建设"北斗 3 号"卫星导航系统，该系统星座由 5 颗地球静止轨道卫星、3 颗倾角为 55° 的地球同步轨道卫星和 27 颗平均分布在 3 条倾角 55°、高度为 21 500 千米的圆轨道上的中高轨道卫星组成，计划于 2018 年前后由 18 颗卫星为"一带一路"（为丝绸之路经济带和 21 世纪海上丝绸之路的简称）沿线国家及周边国家提供服务，2020 年完成整个星座卫星发射组网，为全球用户提供服务。该系统已于 2017 年 11 月 5 日成功的以一箭双星的方式完成了 2 颗全球组网卫星的发射，为实现系统目标迈出了坚实的步伐，开启了北斗卫星导航系统全球组网新时代。

在中国特色社会主义新时代第一个春节（2018 年 2 月 16 日为农历戊戌年即犬年的正月初一）即将来临之际，在王希季任职的

王希季与梁思礼（左一）、任新民在交谈

中国空间技术研究院建院（成立于1968年2月20日）50周年的前夕，中国空间技术研究院负责研制的"北斗3号"全球组网卫星的第五、第六颗发射星于2018年2月12日成功地被"长征3号乙"运输火箭和"远征1号"上面级以一箭双星的方式送入预定轨道（这次飞行是以"长征"命名的各型火箭进行的第267次航天飞行）。作为中国空间技术研究院的技术顾问，王希季对中国航天战线在农历丁酉年即鸡年进行的这一"收官之作"取得圆满成功，兴奋地说这既是"北斗3号"卫星工程系统研制人员送给全国人民的"拜年"大礼，也是中国空间技术研究院"北斗3号"卫星系统研制人员祝贺建院50周年的礼品。

三、研究中国发展太空太阳能电站应采取的对策

上面两节（第八章第一节和第八章第二节）介绍的内容为王希季对发展中国地球信息类太空基础设施提出的一些建议。本节将介绍王希季对中国如何在地球静止轨道上建设能源类基础设施——太空太阳能电站（Space Solar Power Station, 简写SSPS）所做的研究。

诚如王希季在有关太空资源的论述中提出的（参见第九章第一节），开发利用太空中的太阳能资源优点显著，但其要成为地面能源的重要组成部分，有待于在地球静止轨道上建立巨型SSPS以及如何将电能传输到地面等一系列问题。

SSPS的概念是美国学者Peter Glaser（时任国际太阳能学会会长）于1968年率先提出的。该学者设想，在地球静止轨道（即倾角等于零度、偏心率等于零值的地球同步轨道，该轨道距地球赤道的高度为35 786千米；从地面看去，运行于该轨道的航天器高悬于赤道上空、静止不动）上建设SSPS，将太阳能转化为电能，利用无线传输方式将能量传输到地面使用。自那时以来，美国、日本、法国、欧洲航天局、印度、加拿大等国和国际组织对SSPS做了大量的研究工作，至今已提出了几十种SSPS的概念设计方案。鉴于SSPS是一个比迄今为止在轨的最大航天器——国际空间站（1998年开始建造，2011年最终建成，总

质量420多吨，运行于倾角51.6度、距地面高度约400千米的圆轨道）大得多、重得多、高得多、复杂得多的巨型空间系统，这种系统虽然从理论上讲可以建成，但从技术发展角度看还存在很多困难问题。明确提出过发展SSPS计划的美国和日本都采取从小到大、分阶段发展的方针，以1兆瓦（这是现今能做到的最大航天器可从空间太阳能获取到的最大功率）为基础，分阶段地使空间太阳能发电功率跨越3个数量级，先建成10兆瓦级的SSPS试验系统，之后再建设发电功率达1吉瓦即100万千瓦级的商业性SSPS。日本计划在2020年代首先发射功率50千瓦的空间太阳能卫星试验空间微波传输技术，再发射功率1万千瓦的SSPS验证大型结构的太空组装技术；2030年代先发射功率25万千瓦的SSPS系统，再发射组装功率100万千瓦的商用SSPS。根据民意调查的结果，日本国民赞成执行SSPS国家计划的比例已从2000年的68%上升到2009年的90%。

进入21世纪以来，世界面临的能源危机有加剧的趋势而无缓和的迹象。在传统性的五大初级能源（石油、天然气、煤、核裂变能、水力）中，消耗量占80%~90%的石油、天然气和煤化石能源可能在未来几十年到100年之间被消耗到无力支撑人类社会发展的地步。核裂变能的安全性受到各国公众日渐增多的质疑，开发利用的前景不容乐观；水力资源已开发利用甚多，发展潜力不大。能源短缺等问题已成为制约包括中国在内的全球社会和经济可持续发展的极为重要的问题。特别值得关注的是，现今中国已成为世界第一能源消耗国，但石油、天然气的用量一半以上靠进口，能源危机更为严重。在此情况下，中国和世界各国一样都在大力寻求发展新型的清洁能源，开发可再生能源，并认识到在所有可再生能源中，太阳能是取之不尽、用之不竭的最丰富、最清洁的能源。充分利用太阳能、发展SSPS可能成为解决人类长期面临的能源短缺问题的最终答案。故此，近十年来，包括王希季在内的中国科学家、技术专家都在关注发展中国的SSPS的问题。2009年9月，王希季与中国航天科技集团公司的庄逢甘、闵桂荣和梁思礼联名向国家领导人提交了《关于研发我国空间电站的建议》。他们在这份建议书中提出：

"一旦我国(功率达)百万千瓦级的 SSPS 建设在地球静止轨道上,对我国来说,不仅步入了解决能源问题的康庄大道,而且还将显示出我国自主创新的技术、工程、工业的能力和水平已有全面的高速跨越,能大大提高国家的安全、能力和行动自由,也会获得巨大的经济利益。"

此后,王希季又和闵桂荣共同负责进行并于 2011 年 8 月完成了中国科学院学部咨询评议项目《空间太阳能电站技术发展预测和对策研究》(以下简称 SSPS 研究报告,在不至引起歧意时则简称报告)。这份由王希季为主执笔写就的参考了 1968—2010 年发表的有关 SSPS 的 160 篇文献、总字数达四万多字的报告中,详细论述了 SSPS 的发展状况、各种概念设计方案、面临的关键技术问题以及中国应采取的对策。

SSPS 研究报告指出,发展 SSPS 这种开发利用太阳能的太空基础设施,除了开拓天疆、开发利用太空太阳能资源为人类谋福利的现实作用外,还具有更为深远的意义。报告认为,发展 SSPS 将会使人类获取、利用能源发生下列 3 个方面的根本改变:一是使人类获取能源的地点从地面(含海洋)和地下(含水下)变到了从天上(太空);二是使人类对能源的利用方式从多项初级能源平行改成为以太阳能为主;三是使电能的传输方式从有线传输转变到无线传输。这三大改变都是前所未有的、重大的、影响深远的改造客观世界的大变革。建设 SSPS 促成的上述三项重大变革,不是现有的技术能够办到的,而是需要以现有的技术为基础,实现高跨越,实现飞跃。具体来讲,在航天技术方面就是要使航天运载(运输)能力大幅度提高,运输成本大大下降;在材料方面,要使光伏电池、超导材料、轻型结构材料的性能有大幅度提

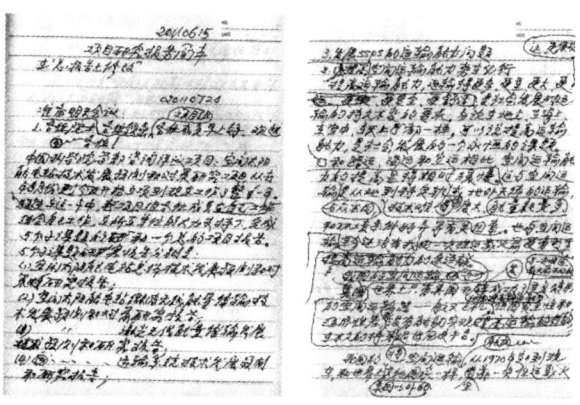

王希季撰写空间太阳能电站技术发展预测和对策研究报告的手稿

高；还要使能量转换和传输效率达到很高的水平。当技术重大变革的规模、影响到达"飞跃"的程度，也就是说这种变革涉及社会、经济和生活的根本问题的程度，按钱学森先生的意见就可以称为技术革命。技术的革命又会引起经济基础的改变，从而形成产业革命。就是说，SSPS的建设，可能会引起一场技术革命，甚至还可能引起新的产业革命，其意义十分重大。

SSPS研究报告强调，为发展中国的SSPS必须提高中国社会和人民对SSPS的认识，抓住机遇，迎接挑战。报告指出，中国发展航天的第一位的、最重要的目的，是开发利用太空资源造福国家和全人类；中国航天事业的成就，也主要表现在开发利用太空资源造福于国家和人民这一点上。开发利用地球静止轨道上的太阳能资源，可能获得的福和利会达到难以数计的程度。对此，中国不应该无动于衷，应该改变开发利用太空太阳能的工作在中国"受到冷遇"和处于"无暇顾及"的状态，应该努力做工作促进中国社会和人民深入了解发展航天事业的主要目的，了解发展SSPS可能解决能源危机、甚至有可能引发技术革命和产业革命，以促使SSPS的研发工作在中国启动和发展。报告认为，发展SSPS可能会促进国际合作，也可能引起国际间的剧烈竞争。谁引领可再生资源的开发利用，谁引领航天事业，谁就可以引领全球（的发展）。从国际环境看，相对而言，现今中国可以算是一个具有比较好的研发SSPS的科学、技术和经济基础的国家，宜在发展SSPS上，抓住机遇，以获得中国应该获得的权利和收益。

SSPS研究报告强调，为发展中国的SSPS，必须确定一个部委级的领导部门负责推进这项工作。报告认为，虽然现今中国涉及航天的部门很多，但不论是领导部门还是实施部门都不具备实现建造SSPS所需技术跨越的能力和手段。为此，需要一个部委级的领导部门负责进行中国SSPS工程的顶层设计、策划发展线路图、组织技术攻关等。

SSPS研究报告指出，为提出发展中国SSPS的技术对策，需要深入研究与发展中国SSPS有关的诸如：SSPS的安全性、适合发展功率多大的SSPS、SSPS的组装和维修、SSPS的运输系统、SSPS的能量转换和无线传输、SSPS的试验与验证、SSPS的发展途径等重大方面的问题。

SSPS研究报告认为，虽然以微波方式无线传输能量所对应的发射天线和接收天线的尺寸都较大，但其功率密度低，可以较好地解决大功率能量传输的安全性问题。为此，报告建议，从安全角度，中国发展SSPS宜首先考虑微波无线传输能量的方式。

SSPS研究报告认为，要使SSPS成为供地面使用的主力电站，其发电功率必须达到相当大的量级。但功率过大，SSPS的重量、规模和建造难度就会达到难以接受、不切实际的程度。功率500万千瓦的SSPS的总质量高达4万吨左右，即便使用地球同步转移轨道运载能力达70~80吨的重型航天运载火箭，也要发射500多次，在轨组装500多次，按1周发射一次计，就需要耗时10年的时间才能建成。故此，报告建议，中国发展的第一个（或第一批）SSPS，功率不宜选百万千瓦级，宜按可作为中、小型主力电站使用的、在20世纪30年代中国在技术上可以跨越的原则，在10万千瓦到50万千瓦选择。至于具体选用多大的功率，则需通过详细的经济技术分析计算后，按总体优化的原则优选确定。

SSPS研究报告指出，国外提出的SSPS方案，在组装上都回避以航天员为主的方式，而是采用机器人或采取全自动组合或采用同类航天器群编队飞行方式；都提使用寿命为30年，但又没有认真提维修问题。报告认为，在如果我国发射了以"空间服务"为主功能的空间站后，一旦国际空间站在2024年真的维持不下去的话，那么中国特色的空间站将成为中国特有的航天优势项目。从这方面看，中国发展SSPS的组装、维修技术，就不能直接效仿国外将人排除在外的做法，而应结合国情，对以人为主、以机器人为主等几种方式进行深入细致的比较，按总体优化的原则选择优者。

SSPS研究报告指出，航天运载火箭是发展太空开发事业、发展SSPS的基础，应起到先行的促进作用。报告认为，中国有大幅度提高航天运载（运输）能力的基础。为了发展中国的SSPS，必须使中国的航天运载火箭从现有的中型火箭和已立项研制的大型火箭跨越到运载能力高的重型火箭，使中国航天运载能力有一个质的飞跃。报告建议，中国的航天运载火箭从大型到重型的跨越宜一次到位，不宜分步跨，分步跨看似稳妥，实际上可能更为费劲和花钱更多，还可能做出似重型又非重型的"鸡肋式火箭"，应力求避免出现这种进退两难的尴尬局面。中国的重型运载火箭的运载能力应多大以及将 SSPS 的构件送到地球静止轨道的运输方式，都应按照总体优化的原则优选确定。

SSPS 研究报告认为，SSPS 是一个巨大的工程系统，是我们能够预见的最大的空间基础设施，其研发途径的选择和过程的组织管理极为重要。报告建议，中国的 SSPS 研发途径不宜跟着美国和日本的道路走，宜采取"慎定目标，打好基础，一次到位"的发展方针，分三步予以实施。

第一步，进行 SSPS 工程大系统的论证和顶层设计，明确发展目标、发展原则和指导思想，提出发展路线图和进行工程初步方案论证。

第二步，深入进行方案论证，提出需要攻克的关键技术和先期必须创造的条件，进一步深化发展路线图，并逐步开展关键技术攻关和必要条件的创建。

第三步，进行并完成整站研制、在轨试验和验证工作，2040 年建成商业电站。

SSPS 研究报告最后指出，建设 SSPS 是做前人未做过的新事大事。从工程技术的角度分析，需要跨越台阶很高，即便目标选择恰当，发展合适，没有偏差，如果不下狠心、花大力、投大资攻克关键技术，克服重重困难，说不定在哪个环节上就会卡壳停滞，前进不了。报告认为，在由小到大建设 SSPS 的发展进程中，对于所需技术应力求避免出现"量变到质变"的情况。在运载、能量转换和运输、总体构形和控制等大的关键技术方面，宜采取继承发展途径，不宜采用不断变革的方式。这也就是上面提到的"一次到位"的本义。

2011 年 8 月 20 日，王希季在第四届中国能源环境高峰论坛会上报告了上述研究成果，受到与会专家们的广泛关注和好评。

年逾 90 的王希季，仍活跃在中国航天研发战线的前沿，为规划中国的太空开发事业献计献策，真令人感悟良多！

第九章

著书立说
笔耕不辍

王希季在空间技术和航天学领域既致力于工程实践，又重视经验总结；既不辞辛劳地进行技术创新，又投入大量精力著书立说。他撰写了大量的科技报告和研究报告，发表了几十篇论文，出版了多部有特色、有创见的专著。除前文已经提到的他主持创建了中国火箭探空技术学科（参见第四章第七节）和中国航天器返回技术学科（参见第六章第九节）外，王希季在空间技术和航天学学术领域的贡献还反映在他

耄耋之年的王希季在伏案工作

提出了有关空间技术和航天学领域的不少新概念、新原理和系统总结了20世纪中国航天器技术的进展等方面。在中国空间技术和航天学学术领域，王希季不仅成果丰硕，而且直到耄耋之年仍然是笔耕不辍。

▍一、率先在中国把发展空间技术与开发太空资源联系起来

1981年9月，王希季率领中国宇航学会代表团赴意大利罗马参加国际宇航联合会第三十二届年会。在这届年会上，代表团通过两次会议，并经全体会员单位的代表投票表决，使中国宇航学会替换中国台湾航空学会成为代表中国的国际宇航联合会成员单位的身份问题得到了解决。中国台湾航空学会则改称"设在台北的宇航学会"，成为无投票权的属于中国的一个学会。这届年会在学术思想上对王希季启迪最大的是，会议首次把太空上升为人类的第四环境。就是说，人类的第一环境是地球陆地，第二环境是地球海洋，第三环境是地球稠密大气层，第四

环境是地球稠密大气层之外、太阳系之内的空间区域——太空。

把太空列为人类的第四环境，表明人类社会对太空的重视程度有了新的飞跃。在会议期间，王希季反复思索人类与其所处环境的关系。他认为，人类在其文明发展的进程中，首先，适应和认识、进而开发利用的是地球的陆地环境以及陆地资源。其次，对环境的认识和资源的开发扩大到地球的海洋。20世纪初期，这个进程深入地球的稠密大气层（1903年12月，人类首次实现了有动力的持续飞行）。20世纪50年代，这个进程又扩大到太空（1957年10月，世界上首次实现了人造天体的太空遨游）。历史表明，人类的行为总是先适应所在的或进入的环境，进而才开发利用环境所拥有的资源并改造环境，以创造物质文明和精神文明，提高自身的文化和生活水平。促使人类进入太空的最根本的原因就在于太空有极其丰富和极为独特的资源，利用开发这些资源能够极大地造福全人类。

王希季开完会议回国后，利用各种机会和场合，大力宣传空间技术对中国开发利用太空资源为社会主义现代化建设服务的作用和意义，在国内率先把发展空间技术与开发利用太空资源紧密联系起来。1983年10月，他在中国空间科学学会第二届会员代表大会暨学术年会上宣读了《论空间资源》（发表于《自然辩证法通讯》1984年第2期）。在这篇论文以及他随后发表的其他有关这一论题的文章中，他阐述了已由航天器开发、利用得较好和可望在不远的未来得以开发利用的太空资源（太空天然存在的和由航天器进入太空轨道后而自然产生的资源，国外称为有用的太空特性）主要有以下几类。

一是太空相对于地球表面的高远位置资源（简称太空高远位置资源）。相对于地球表面的高度这个人们司空见惯、诗意地抒发出登高望远豪情的事物，在王希季眼里却是一项重要的资源。他认为，一般来讲，离地面的位置愈高，为获得高度所需的技术愈复杂，所需付出的代价也愈昂贵，从而其价值也就愈大，所能得到的收获也就愈丰。空间技术为利用太空高远位置资源创造了条件。在太空（在航空航天领域中一般认为其下界在海拔100千米左右）中运行的航天器相对于地面的高度和速度（在近地低轨道上运行的航天器速度达 7 千~8 千米每秒），要比地面上静止的高塔（注：现今世界上最高的人造建筑物是 2010 年 3 月落成的位于阿拉伯联合酋长国首都迪拜的哈利法塔，高度为 828 米）、山峰（注：地球之巅——喜马拉雅山珠穆朗玛峰峰顶的海拔是 8 844.43 米，为 2008 年的实测值）和在空中飞行的飞机（注：涡轮喷气发动机飞机的升限世界纪录不低于 37 650 米，速度世界纪录 3 530 千米每小时或 980 米每秒；超声速冲压发动机飞机的速度世界纪录不低于 7 700 千米每小时或 2.1 千米每秒）、气球（注：载人气球升限世界纪录为 34.5 千米；不载人气球升限世界纪录为 53.7 千米，为日本于 2013 年 9 月创造）高得多，大得多。不仅如此，航天器还可环绕地球做不停的运动，其观测的地域之广、时间之长，更是高塔、山峰和飞机、气球不可比拟的和望尘莫及的。由航天器开发利用太空高远位置资源，能排除天然环境和社会因素造成的许多障碍，在天际开辟出观测地球、传输和获取地球上各类信息的畅通渠道。这项资源的开发利用工作，不仅满足了信息时代社会的需求，在经济、文化、科技和国防上起到重要作用，而且已经给和必将给人类的经济、文化、生活、工作带来极大的方便和利益，甚至还会影响、改变人类的生活和工作方式。

二是太空高真空和超洁净环境资源（简称太空高真空资源）。王希季认为，高真空、超洁净是太空环境的显著特征之一。与地面环境截然不同的太空环境（以高真空、超洁净、强辐射、超低温背景为主要特征），虽然会给人类在那里的生存带来一系列需要解决的难题和对航天器在那里工作造成许多不良的影响，但却是一项十分重要的资源。与地面只能在极有限的空间（如实验室、厂房）和间断的时间内由人工创造的高真空、超洁净环境（当然要耗费大量投资）相比，航天器可以在十分广阔的太空长时间连续地利用开发这项资源。开发利用太空高真空资源，当然要耗费巨大的投资，但带来的好处十分明显。在现今材料技术和推进技术的水平下，航天器只有在高真空的太空中才能以航天速度作长期运行。从这个意义上讲，高真空可以说是太空的第一资源。利用这一资源，从航天器上观测宇宙，就能彻底摆脱地球稠密大气层对观测效果的影响，获取到完整、精确的宇宙图像，从而有助于人类认识宇宙的真相。

三是太空微重力资源。太空微重力并不是说太空本身是一个微重力环境，而是指航天器沿太空轨道做惯性飞行时，其内部物体的视重力（这里，视重力指物体在航天器上量度出来的重力）极小，即航天器上的物体接近于完全失重的状态。这项资源是由航天器进入太空轨道后才产生的资源。在各种产生微重力环境的方法（诸如从高塔或落管中投放载荷，从高空气球上投放载荷，探空火箭做惯性飞行，飞机做抛物线惯性飞行等）中，航天器内部微重力水平之高、持续时间之长引人注目。微重力环境中存在许多不同于重力环境下的基本物理现象。诸如：液体和气体中由重力导致的自然对流基本消失，能量扩散、质量扩散成为传递的主要过程；液体的浮力消失，由物质密度的不同引起的沉浮和分层现象也消失，物质的悬浮和混合可以控制；液体为表面张力束缚，浸润现象（液体与固体接触时，液体附着在固体表面上的现象）和毛细现象（直径特细的管子插入浸润液体中，管内液面上升，高于管外液面的现象或插入不可浸润液体中，管内液面下降，低于管外液面的现象）加剧；液体中不存在静压力。微重力环境，基本上摆脱了重力的约束和影响，是一个奇妙的"新世界"。在那里，物体没有"轻"和"重"之分，液体或气体中的物体也无"沉"与"浮"之说，人也可以随意在空中漫游。王希季认为，许多在地面制成的材料的实际性能比理论极限值低得多，许多理论上性能很好的合金和材料在地面不能制备，许多要求高纯度、高精度、高质量的物品在地面难以做出或需要付出很高的代价，究其原因都与地面存在重力作用有关。与此不同，在微重力环境下，可以制备出许多在地面重力条件下不能制备的材料和物品。开发利用航天器在太空飞行诱发产生的微重力环境能促进高新材料制备、生命科学研究等领域的发展。

四是太空太阳能资源。王希季认为，太阳能虽然无所不在，但每年在地面大约只有一半的时间（白天）才能接收到经过地球稠密大气层及其中的云层、尘埃、水汽等吸收、折射、散射和遮挡后强度减弱、波段受损的太阳能。与此相比，太空中太阳能的时间利用率、强度、波段的完整性显著地高于或好于地面上的太阳能。另外，在太空建设太阳能电站可以不考虑那些对地面太阳能电站建设必须面临的重力、风力和被尘埃污染等诸多问题。因此，开发利用太空中的太阳能优点显著。但要使其成为地面能源的重要组成，有待于解决在地球静止轨道上建立巨型太阳能电站以及如何将电能传输到地面等一系列技术难题。

五是月球资源。王希季认为，通过在地面对月球的长期观察以及从1959年开始用航天器对月球进行的绕月观测、实地考察表明，月球有珍贵的地质信息资源、独特的周边环境资源和丰盛的表层物质资源。月球在30亿~40亿年前就进入火山活动的后期阶段，随即转入地质宁静阶段。因此，月球上保留了它形成时期的环境、条件和年代等方面的信息。探索月球的起源和演变，有助于人们认识地球早期的历史。月球上既无大气，又无水圈，为近乎高真空的状态。月面昼夜时间很长，温度变化剧烈。月球的引力场较地球的引力场弱得多。月面环境虽然不适合于生命存在，但对开展天文观察、进行材料科学和生命科学研究、发射航天器等，都有一定的可取之处。月球表层岩石和土壤中含有大量的矿物和元素，特别是在月球表层土壤中含有地球上十分稀罕的来自太阳风的氦3。通过日积月累，月球表层中积累的氦3数量可观（有人估计有70多万吨）。氦3和氘（氢的同位素）进行聚合反应清洁安全，易于实现，未来人类能否使用这种能源，有待于可控核聚变的实现。月球资源对人类有极大的吸引力，但其开发利用有待于月球基地的建立。

王希季在分析了空间技术的发展状况后指出，太空高远位置资源是迄今为止由航天器开发、利用最为广泛和取得巨大经济、技术、社会、军事效益的一项太空资源。它的开发、利用使空间技术成为现代社会重要的新兴生产力。由开发、利用太空高远位置资源而形成的世界范围的卫星应用产业已达到相当大的规模。开发、利用太空高远位置资源的卫星应用系统（主要是以对地观测卫星为核心的卫星对地观测系统、以通信广播卫星为核心的卫星通信广播系统和以导航定位卫星为核心的卫星导航定位系统）主要经营有关地球信息的获取、处理、传输或转发等，即经营的是信息类产品。他还指出，太空高真空资源这一为各类航天器都利用的太空资源已在推动空间天文学的形成和发展中起到重大作用，太空微重力资源和太空太阳能资源的开发利用还处于试验、研究和创造条件的阶段，月球资源的开发利用只宜作为长远的目标。

1991年，王希季在中国空间科学学会第四次会员代表大会暨学术年会上又发表了论文《从空间资源的开发展望空间技术的发展》。他在这篇论文中指出，按照事物由低级到高级、由简单到复杂的发展规律，利用太空高远位置资源和太空高真空资源开发信息类产品，之所以可以由较简单的无人航天器进行，主要在于它能以完全自动化的方式实现；而利用太空微重力资源、太空太阳能资源以及月球资源来开发物质类产品和能量类产品，在现在和可以预见的未来还很难或不宜全部自动化，需要人在太空直接参与进行。后面这一点，深刻地揭示了发展载人航天技术是进一步开发、利用太空资源的客观需求。

王希季有关太空资源及其开发、利用的论点较系统地归纳于他和李大耀共同编著的《空间技术》这部著作中。该书于1994年由上海科学技术出版社出版，为读者展示了人类在20世纪90年代之前通过空间技术开发、利用太空资源取得的成就和进展。

二、构筑空间技术系统完整框架

随着空间技术的发展，中国空间技术战线对空间技术系统的认识不断深化，王希季更是率先提出了空间技术系统的较为完整的框架。

王希季在阐述他的观点

在中国发展空间技术的初期，主要任务是解决中国有无人造卫星、试验演示卫星工程系统技术的问题。那时，中国空间技术界一般认为空间技术是由航天器技术、航天运载器技术、航天发射技术和航天测控技术组成的技术系统。在中国空间技术于20世纪80年代初、中期由试验阶段转入实用阶段以来，卫星应用越来越得到人们的注意，卫星应用技术也就自然而然地纳入空间技术系统之中。

在这种背景下，王希季在他编著的《空间技术》一书中（参见第九章第一节），根据任何太空开发、利用活动都必须以航天器进入太空沿轨道运行为前提，认为在一定程度上可以把空间技术理解为发展和建造太空航天器工程系统为地面需求服务的技术。从这一观点出发，他把空间技术系统（作为一级系统）分解为两个二级技术系统。其中，第一个二级技术系统是由航天运载器技术、航天发射技术和航天运载器测控技术组成的航天运载技术系统，主要解决如何把航天器送入轨道的问题；第二个二级技术系统是由航天器技术、航天器任务配套应用技术和航天器测控技术组成的航天器任务技术系统，主要解决如何使航天器在太空为地面特定需求服务以及这种服务能产生效益的问题。上述这个空间技术系统，强调了航天器应为地面需求服务，反映了中国空间技术界对航天器应用的重视。

20世纪80年代发达国家都提出了空间基础设施的概念，即这些国家的空间技术及其产业已从"研究开发"模式转向"用空间基础设施促进社会经济和军事领域发展、为建设空间基础设施而发展空间技术"的"良性循环"模式。在这种新形势下，如果中国仍以发展航天运载器和航天器为主要目标来发展空间技术，就容易发生航天器和航天运载器的发展与社会需求之间的不协调和不配套的问题，也可能产生具体任务不能满足具体需求或因与任务配套的地面设施不齐套或不能同步发展而使系统功能的发挥受损的问题。这些都不利于中国空间基础设施的建设和空间技术的发展。

为此，王希季在研究了国外空间技术的发展趋势和考虑了中国空间技术的发展要求的基础上，于1999年发表了论文《空间技术系统的讨论》。在这篇论文中，他从社会需求出发，并以空间技术的三大任务——致力于探测研究太空环境、开发利用太空资源和扩大人类生存空间为顶层目标，向人们揭示出一个较新颖的、较完整的空间技术系统的框架。这个框架层次关系清晰，内容涵盖全面，把空间技术分解成以下四大部分。

第一部分为航天器进驻太空的技术系统。它是空间技术的基础性技术系统。该技术系统就是以往人们认为的空间技术系统，主要解决研制、发射、跟踪、控制、管理航天器的问题，以及返回式航天器的返回问题。

第二部分为航天功能运用技术系统。它是空间技术的目的性技术系统，是在航天器进驻太空的前提下实现空间技术三大任务的技术系统。在现阶段，该技术系统主要指航天信息应用技术系统。航天信息应用技术系统主要解决航天器如何获取、传输信息（包括地球信息和宇宙信息）以及地面如何应用这些信息的问题。它包括航天信息获取和传输技术、航天信息存储和处理技术、航天信息融合和分发技术、航天信息的网络综合技术等。航天器获取的信息可以通过信息载体返回送到地面，更多的是通过无线电传输给地面。航天信息的获取、传输方式现今有单星模式和星座（即由多颗卫星组成系统）模式，今后还会出现由多种航天器及星座互联构成的网络模式（天基综合信息网，参见第八章第一节）。航天信息的融合，指把来自各航天（天基）信息源的信息合在一起进行处理，得到既包括各种基本信息，也包括决策部门指令信息等新信息，是航天信息应用的高级形式和发展方向。随着太空开发事业的发展，航天功能运用技术系统还会包括太空发电与传输技术系统、太空材料批量制备技术系统以及月球开发技术系统等。

第三部分为航天防护技术系统。它是航天功能有效运用必不可少的技术系统，是生存性技术系统。该技术系统主要解决如何保护本国的航天器使它们免遭天然的、人为的和敌对方的干扰、破坏的问题，包括太空有害环境防护技术、航天权益保护技术、抗干扰和反干扰技术、抗破坏和反破坏技术、受害恢复技术等。

第四部分为航天攻击技术系统。它属于航天军事功能运用技术系统，为对抗性技术系统。该技术系统主要解决如何用己方的航天兵器对敌方的陆、海、空、天目标实施攻击的问题，包括天对天进攻武器技术、天对空（地、海）进攻武器技术、地（空、海）对天进攻武器技术、太空防御武器技术等。

王希季认为，从世界范围来讲，航天器进驻太空技术和航天功能运用技术在信息方面已达到较高水平，航天防护技术也已取得一定进展，航天攻击技术尚处于初期研究、试验阶段。

梁思礼等航天界专家认为，王希季提出的上述空间技术系统是一个创新的概念，可使人们对于航天技术这种复杂大系统的内涵有更确切的认识，有利于推进中国航天事业的协调发展。

三、开从设计学角度论述中国空间技术研制经验之先河

王希季在长期从事空间技术工程研制的过程中，经常思考这样一个具有深远意义同时又是迫切需要解决的问题：中国社会主义现代化建设、卫星等航天器型号研制需要一批高水平的设计师，而设计师要能高效优质地完成一个复杂工程项目的设计，完成一种航天器型号的设计，光靠专业知识是不够的。作为一个复杂工程项目的设计师，具有专业技术知识和专业设计知识当然十分重要，但如果没有工程设计全局和规律性等方面的知识，往往会错误地把专业技术设计与工程设计的全部工作相等同，就会在处理系统性问题和运用折中、权衡、选优等方法处理设计中遇到的问题或在辩证地理解设计工作中目标与制约、决定与变化、整体与部分等关系时，感到知识和能力不足，不仅工作起来困难，而且往往做不好工作。他认为，作为一名复杂和较大的工程项目（如卫星等航天器）的设计师，尤其是从事系统或总体设计的设计师，应该掌握有关工程项目或有关卫星等航天器设计本身特点、设计全局和设计规律性等方面的知识，才能克服上述不足，较快较好较省地完成设计和研制。

基于这种考虑，王希季在20世纪80年代后期就考虑要把他多年承

担有关探空火箭和返回式遥感卫星技术总负责人或总设计师积累的经验进行系统的总结，使之上升到理论高度，创立有助于复杂工程项目和卫星项目设计师掌握设计和研制基本原理的工程设计学和卫星设计学。经过几年利用繁忙工作之隙的准备和撰写，他相继与包妙琴（时任中国空间技术研究院研究员）合作完成了《工程设计学》（1994年由宇航出版社出版），与李大耀合作完成了《卫星设计学》（1997年由上海科学技术出版社出版）。

卫星设计学是工程设计学的一个专门分支，主要研究卫星设计本身及其相关方面的共性问题，探讨卫星设计的程序和方法，寻求高效、优质地完成卫星设计和研制的途径。《卫星设计学》一书既是王希季倡导的基于系统论和系统工程论的工程设计学在卫星设计领域的应用和体现，又是针对卫星个性对卫星设计有指导作用的设计方法学。该书的侧重点在卫星设计的基本原理和一般方法，而不在具体方法的细节，是从认识（思维）方法到实践（工作）方法的过渡或桥梁。它从工程设计学的原理和方法出发，结合卫星设计的性质和特点，阐述了卫星设计特别是卫星总体设计的一般规律、法则、过程和模式，为卫星设计师提供了一种按卫星与其外部环境（外部的工程技术、经济和社会等环境）的联系和卫星整体优化的原则来进行卫星设计的方法，有助于卫星设计师聪明才智的运用和创造性的发挥。

《卫星设计学》指出，卫星这种在太空以高度自动化方式工作的人造天体的设计，从技术的本质［按物质、能（量）和信息三要素之间相互依存和相互联系的观点，技术是对能、物质和信息的高级形式的经营；技术用高度有效的方式，以能为杠杆，不断扩大信息的交流和物质形态的变换，以满足人类的需求］上看，就是寻求和解决卫星在太空有目的和有效地组织能流、信息流和物质流的方法，以满足人类需求的一种高级经营活动。

《卫星设计学》认为，卫星设计的对象是卫星型号这一工程项目。因此，它既具有一般工程项目所具有的系统整体性和系统层次性等共性，又具有对航天运载器环境和太空环境等特殊环境的适应性、高度自动化性质和危险品性质等个性。探讨卫星设计的性质应该兼顾卫星具有的共性和个性。

《卫星设计学》认为，抓住卫星的系统性质（整体性和层次性），即把卫星看成是先在地面研制出来，再由航天运载器运送到轨道上运行和工作的可满足人类特定需求的人造天体，对做好卫星设计和提高卫星设计水平具有重要作用。既然，卫星是由相关要素（分系统、子系统或组成部分）按层次组成的整体，那么，卫星设计师在设计卫星时，就应从卫星的整体性质和整体功能出发，从卫星整体与其组成要素之间的相互作用和相互联系中综合地把握设计对象。也就是说，一定要自始至终地把卫星整体功能的求得和整体优化作为设计的首要追求，并以此来筛选、综合、权衡各组成要素之间的相互关系。一定要避免脱离整体功能求得和整体优化的原则，一定要避免把局部当作整体或片面突出局部和以局部优化取代整体优化等违反卫星系统整体性质的倾向和行为。另外，卫星设计师还应搞清楚所承担的设计项目位于系统的哪一个层次上，并要做一系列工作使这个项目确实位于它应该位于的那个层次的恰当位置上，一定要避免出现层次不到位或层次错位等违反客观规律、会导致损失的现象。

《卫星设计学》认为，从卫星应具有对航天运载器环境和太空环境的适应性出发，卫星设计师在展开卫星设计之前，就应通过卫星的上一层次系统——卫星工程系统的设计师，权衡、协调和选择、确定用于发射卫星的运载器。在运载器确定之后，卫星设计师就应与运载器的设计师权衡和协调，明确卫星在运载器上的安装、连接方式和空间位置，明确卫星在运载器飞行过程中会遇到的环境条件，并制定出产品能否适应运载器环境条件的鉴定、验收的条件和标准。卫星入轨后将面临太空的天然环境、由轨道运动而在星体内部自然产生的微重力环境和由星体外部诱导产生的环境等。因此，卫星设计师必须掌握卫星处于或遭遇的这些太空环境因素，认识这些因素对卫星的作用和危害程度，并据此来设计适应这些环境因素的卫星，赋予卫星对太空环境的适应性。

《卫星设计学》认为，卫星的高度自动化性质源于卫星运行和工作于太空、远离地面又不载人的客观情况。卫星与地面的联系，靠航天测控网与星上的跟踪、遥测与遥控设备以无线电传递方式进行。卫星的这一性质，要求设计师从一开始设计就要应用可靠性设计技术，赋予卫星有足够高的可靠性，使卫星在其工作寿命期间内不致发生整星失效的事件。

《卫星设计学》认为，卫星的危险品性质在于星上少不了火工装置，并常常携带有高压气体、火箭推进剂和火箭发动机。这个性质要求卫星设计师在设计卫星时，一定要确保危险品在该动作时能可靠动作，在不该动作时即使出现误指令或故障也不会动作。

《卫星设计学》认为，卫星的系统整体性、层次性和对特殊环境的适应性，决定了卫星的设计必须按照严格的先后顺序进行。卫星设计的程序性可以用"先高后低、先外后内"来概括。这里，"先高后低"指在进行卫星整体（总体）设计时首先必须把卫星作为比它高一层次的系统——卫星工程系统的一个组成部分看待，明确它与卫星工程系统之间以及它与卫星工程系统中和它处于同一层次的系统（运载器、发射场、测控网和应用系统等）之间的相关和相接的方方面面，以获得足够的能顺利开展本身设计所需的数据和依据。同样，卫星各分系统也必须在卫星整体设计明确了对各分系统的要求之后，才有足够的依据去开展各自的设计。"先外后内"指在进行卫星整体及其分系统设计时，必须先充分认识卫星及其分系统面临的外部环境和条件，然后才能有针对性地进行本身的设计，使卫星及其分系统具有对外部环境条件的适应性。

《卫星设计学》认为，卫星设计是创造以往不存在的新卫星的全部工程资料的技术活动，具有鲜明的创造性。从卫星设计致力于卫星整体优化出发，卫星设计师的创造性能力应主要发挥在按系统论观点和系统工程方法进行总体综合以实现卫星整体优化和创造好的新卫星上。一定要避免违反整体优化的原则，把精力集中在或过多地用于某些局部的创新上。在实际的约束条件下，高效率地设计和制造出高品质和良好经济性的新卫星，才是卫星设计师创造性发挥的主要战场。在整体优化原则的指导下，鼓励卫星设计师采用新技术、新发明、新技巧和新专利以及先进的设计方法和设计手段，进行探索性、开拓性的创造。但是，尽可能地采用现成的和成熟的技术，尽可能地采用简洁的、而在整体性质和整体功能上又能满足要求的卫星方案，则是最高明的设计。这样设计出来的卫星，就会是研制经费省、研制周期短和可靠性高的卫星，符合整体优化的原则。

《卫星设计学》指出，卫星有别于一般的工程项目，具有很强的个性。卫星具有的很鲜明的特殊性，决定了在进行卫星设计，特别是卫星整体设计时应注重由卫星个性引发的与众不同的特殊问题。

《卫星设计学》认为，既然卫星必须从运载器那里获得它沿轨道运行所需的全部或大部分机械能，那么就要把卫星当作运载器的有效载荷来进行设计。这就成为卫星设计的一个特点。卫星设计师必须考虑和注意由上述这一特点引发出的一些覆盖或影响整个卫星设计的问题和方面。例如，因卫星的总质量和总尺寸、总形状受到运载器的严格限制而引发的慎用质量和追求轻质、追求小尺寸和巧安排，也就成为卫星设计的一个特点。

《卫星设计学》认为，卫星设计师在设计卫星时必须认真对待、妥善解决卫星要适应运载器环境和太空环境但又不能在它们所处的上述环境中进行检测、试验这个特殊情况。解决这个问题的办法就是在地面创造出的能把上述真实环境模拟出来的条件，并在该条件下进行产品的检测、试验和验收。为此，为创造这些必要试验条件的工作，如环境模拟条件的制定、环境模拟设备的选用或设计，也就成为卫星设计工作的一部分。

《卫星设计学》认为，一般来讲卫星是一种一次性使用的产品（除了极个别、极昂贵的卫星外，卫星一旦被送太空入轨道后，是不能或不值得花高代价到太空去对其进行维修的），但又是一种与众不同的一次性使用的产品（因卫星十分昂贵，要求的工作寿命比一般的一次性使用产品长得多）。因此，卫星设计师在设计卫星时，要特别重视可靠性设计，要彻底排除那种认为可以在使用中对它进行维修的概念。

《卫星设计学》认为，卫星，特别是中国的卫星，同一型号和同一批次的数量不多,发射这几颗同型号同批次的卫星一般也要经历几年的时间。因此,中国的卫星一般都是按单件方式一颗一颗组织研制的。单件研制不可能形成固定的生产线和装配线,也就难以保证同一批次不同颗卫星间的一致性,从而使每一颗卫星除了具有同批次卫星的共性外,还有自身的个性。此外,还会有多种原因造成同一批次不同颗卫星间的状态不完全相同,这也会增强每一颗卫星的个性。卫星设计师一定要认识到每一颗卫星都有自身的、相当强的个性这一特点,切不可有前面一颗卫星成功,后面的一颗同型号卫星就一定会成功的想法,而应该针对每一颗卫星的具体情况一颗一颗地把卫星的设计、研制工作做好。

《卫星设计学》在阐明卫星设计的性质和特点、应遵循的客观规律和致力实现的主要目标后,建议卫星设计应按照外部设计、任务和指标确定、概念性设计、可行方案设计、总体方案设计、分系统方案设计、总体详细设计和分系统详细设计这八个子程序组成的程序逐次进行,并结合实际情况提出了设计程序的几种简化模式。卫星设计学还较细致、深入地探讨了卫星总体方案选优的步骤和途径,讨论了建立选优模型的基本思路,论述了卫星设计中采用新技术与继承成熟技术之间的辩证关系,讨论了轨道设计、构形设计、可靠性设计、成本估算和设计方案评估等几个卫星设计项目的设计原则和方法。

《卫星设计学》这部在中国空间技术领域率先从设计学角度论述研制经验的著作,受到中国航天界的重视。庄逢甘(1925—2010,时任中国航天工业总公司科技委副主任)和屠善澄(1923—2017,"863计划"航天领域第一位首席专家、中国工程院院士)等航天界专家在审阅卫星设计学初稿时一致认为,这是一部学术水

王希季与屠善澄(右)在商谈工作

平高、具有开拓创新性的著作，它有助于使卫星设计工作从经验型走向规范化，值得空间技术领域的设计师阅读，以提高设计水平，使所研制的产品更好地满足社会的需求。后来，庄逢甘在为《王希季院士文集》（2006年由中国宇航出版社出版）所写的序中说："王希季与（他）人合作在1994年和1997年相继出版的《工程设计学》和《卫星设计学》中，提出工程项目设计应遵循'先高（高层次）后低（低层次）、先外（外部环境）后内（工程项目本身）'的客观规律，应把求得整体功能最优化作为主要目标等设计原则，都是具有创新性和极大参考价值的见解。"

《卫星设计学》已被中国航天器的主要研发单位之一——中国空间技术研究院作为设计师培训班的教材。

《卫星设计学》第一版出版至今已近20年。在这段时间里，中国航天事业的发展速度比以前快，技术水平比以前高，取得的成果也比以前丰硕。以中国的人造卫星（指中国按本国太空开发需求自行研制、或与国外联合研制的卫星，也包括少量的从外国购买的卫星和搭载于外国运载火箭发射的卫星，但不包括中国研制的外国卫星和外国卫星的模拟星，也未计入中国台湾与国外联合研制的卫星）的发射数量及其发射成功率来讲，据初步统计，在中国国民经济和社会发展的第四个五年计划（简记为"四·五"，下同）、"五·五""六·五""七·五""八·五""九·五""十·五"和"十一·五"计划期间，发射的卫星数量（及其成功率，以卫星被发射进入太空轨道并能正常运行工作为标准）相应地分别为7颗（57.1%）、7颗（42.9%）、9颗（88.9%）、13颗（100%）、7颗（71.4%）、14颗（100%）、29颗（100%）和51颗（98.0%）。即中国人造卫星在1996年至2010年的发射数量（94颗）要比1970年至1995年间的发射数量（44颗）多一倍多，中国人造卫星在1996年至2010年的发射成功率（98.9%）要比1970年至1995年的发射成功率（79.5%）高得多。王希季想到这种情况后，在十年前就酝酿要把近十几年间中国卫星设计领域面临的新需求、解决的新问题、积累的新经验、创造的新方法以及获得的新教训增补到《卫星设计学》中去。经过一段时间的筹备,王希季于 2013 年对《卫星设计学》(第一版,共 10 章)进行了全面校订和适当的更新、补充,并增加了由张永维(时任中国航天东方红有限公司首席科学家)撰写的有关卫星集同设计的一章,形成了《卫星设计学》(再版),以适应"十二·五"规划纲要把"建设导航、遥感、导航等卫星组成的空间基础设施框架"列为国家战略性新兴产业创新发展工程对卫星发展提出的新要求。《卫星设计学》(再版)已于 2014 年 12 月由中国宇航出版社出版。

四、系统总结 20 世纪中国航天器技术的进展

自 20 世纪 50 年代后期发展起来的中国空间技术是中国在高技术领域中率先跻身于世界先进行列并取得显著效益的一项技术。为了从一个重要方面反映中国空间技术的进展,在 20 世纪和 21 世纪之交,王希季在焦世举(时任中国空间技术研究院科技委常务副主任、研究员)和魏钟铨(时任上海航天技术研究院科技委副主任、研究员)等协助下,组织中国航天器领域的专家,从技术发展角度对中国航天器技术在 20 世纪取得的成就和达到的水平进行了系统的总结,并于 2002 年由宇航出版社出版了由王希季任主编、徐福祥(时任中国空间技术研究院院长、研究员)和金壮龙(时任上海航天技术研究院院长、研究员)等任副主编的《20 世纪中国航天器技术的进展》(以下简称《进展》)这部论文集。

《进展》从三个层次——中国航天器及其技术的整体发展状况、中国各类航天器及其技术的发展状况、中国航天器组成系统的各专业技术以及研制试验和保障技术的发展状况,较全面、客观、系统地展示出中国航天器技术的进步。与其他反映中国航天器发展情况的论著相比,《进展》的侧重点不在研制经验的总结和设计原理的阐述,也不在产品细节和发展历程的详细介绍,而是从技术方面进行论述。因此,《进展》既是一部阐述角度新、技术含量高的航天器技术专著,也是中国空间技术领域第一部主要从技术角度进行系统总结的公开出版的著作。

《进展》根据中国的实际情况，把20世纪中国航天器及其技术的发展分为以下四个阶段。

第一阶段（20世纪50年代后期至60年代中期）是研究卫星技术和准备研发卫星的阶段。这一阶段是中国发展人造卫星及其技术的开创阶段。在这一阶段，中国及时纠正了急于搞人造卫星的偏向，把空间技术领域的力量引导到重点发展探空火箭，探索卫星发展方向，为开展卫星研制打基础的轨道上来。

第二阶段（20世纪60年代中期至70年代中期）为试验演示卫星技术和开始研制发射卫星的阶段。这一阶段是中国突破卫星技术并成为航天国家的阶段。在这一阶段，相继发射成功中国的第一颗人造卫星——"东方红1号"卫星、第一颗科学实验卫星——"实践1号"卫星、第一种技术试验卫星——"长空1号"卫星和第一种返回式遥感卫星——返回式0型试验遥感卫星，使中国成为了世界上第五个拥有人造卫星研制、发射能力的国家，成为了世界上第三个掌握卫星返回技术和航天摄影技术的国家，开创了中国应用卫星发展之路。

第三阶段（20世纪70年代中期至80年代中期）为提高卫星技术和发展多种卫星的阶段。这一阶段是中国在研制发射成功几种卫星后转入主要按社会需求发展多种卫星的阶段。在这一阶段，中国大力加强了应用卫星的发展，相继发射成功3颗科学实验卫星和中国的第一颗通信卫星——"东方红2号"地球静止轨道通信卫星、第二种返回式遥感卫星——返回式0型实用遥感卫星、中国的第一颗气象卫星——"风云1号"太阳同步轨道试验气象卫星、第三种返回式遥感卫星——用于地图测绘的返回式Ⅰ型遥感卫星，使中国成为了世界上第五个拥有地球静止轨道通信卫星的国家，成为了世界上第三个拥有太阳同步轨道气象卫星的国家。

第四阶段（20世纪80年代中期至90年代末期）为卫星技术上水平、发展业务卫星和研究、发展载人飞船技术的阶段。这一阶段是中国在发射成功了多种应用卫星的基础上，致力于使卫星技术取得新突破，以业务卫星多方面促进国家建设的阶段，也是中国跟踪世界航天技术前沿，发展飞船载人航天技术的阶段。在这一阶段，开展了天地往返运输系统和载人空间站及其应用的研究，相继发射成功新一代返回式遥感卫星——返回式Ⅱ遥感卫星、中国第一颗现代小卫星——"实践5号"科学实验卫星、"东方红3号"和"中星22号"中容量地球静止轨道业务通信卫星、"风云1号"太阳同步轨道业务气象卫星、"风云2号"地球静止轨道准业务气象卫星、"资源1号"和"资源2号"卫星、"北斗1号"地球静止轨道导航卫星，使中国在若干重要的卫星领域达到20世纪80年代末期或90年代初期的国际先进水平，使中国成为了世界上第三个同时拥有太阳同步轨道气象卫星和地球静止轨道气象卫星的国家，成为了世界上第三个拥有导航卫星的国家和世界上第一个利用地球静止轨道进行卫星导航的国家。在这一阶段，"神舟号"载人飞船圆满地完成了首次无人状态的飞行试验，中国的飞船载人航天技术取得了阶段性的重大突破。

《进展》认为，中国航天器及其技术的发展走的是中国特色的道路，具有如下的鲜明特点。

——坚持以独立自主、自力更生、自主创新（创新驱动）为主的发展原则。

——坚持有限目标、重点突破的发展战略。

——坚持预研先行、循序渐进和有所跨越的发展步骤。

——坚持长期、稳定、持续的发展方针。

——坚持走大力协同、联合攻关的发展道路。

——坚持探索较快、较好、较省的发展途径。

——坚持致力于提高有效载荷的水平。

——坚持与航天器工程系统中的其他分系统协调发展。

《进展》通过论述中国利用本国的卫星和国外一些可供公众使用的卫星在国土普查、通信广播、气象观测、资源勘探、导航定位、微重力科学实验和空间科学研究等领域取得的重大成就，反映出中国的卫星应用已成为中国社会主义现代化建设事业中的新兴生产力。

《进展》还根据中国航天在21世纪前20年的发展目标和建设中国

空间基础设施等方面的考虑，展望了中国航天器及其技术的发展前景。

五、阐述创新是引领发展的不竭动力

近十年来，作为中国人民解放军总备部科技委顾问和中国航天科技集团公司科技委顾问、中国空间技术研究院技术顾问的王希季，一直在结合中国航天事业发展的实际对技术发展、技术创新和核心竞争力进行多方位的思考，他多次在各种论坛和会议上发表自己对这些前沿课题的认识，并向上级决策部门提出意见和建议。

2006年1月9日召开的全国科技大会对中国科技界提出了"坚持走中国特色自主创新道路，为建设创新型国家而努力奋斗"的要求。王希季在接受记者采访时结合中国空间技术研究院的实际提出了自己的见解。他说：一个国家的发展，最根本的就是发展生产力。生产力的快速和跨越发展有赖于本身的自主创新能力。按创新管理学派英国的笛德教授的意见，创新从本质上讲是一种有益的变革，是制造有益的、新的事物。创新是一个将机会变成新创意，并将新创意转化成广泛的实践应用的过程。新事物有很多，只有"有益的"才谈得上创新。王希季认为，中国空间技术研究院的发展史从一个侧面看，可以说是一部自主创新的历史。完成任务，确保成功，促进国民经济和增强国家安全，是中国空间技术研究院发展的根本目标，实现这个目标的战略基点是增强自主创新能力。衡量一项工作的根本标准，就是看是增强还是消弱自主创新能力，是提高了生产力，还是带来了累赘。技术创新有两种形式：一是产品和服务创新，即提供新的产品或提供新的服务；二是工艺创新，即提供生产产品和传递产品或服务的新方式。对一个企业而言，产品创新为的是满足需求和拉动需求的，只有自主创新能力强的企业才能有强的竞争力，才能不断提供新的、满足需求的先进产品，才能占有市场并得到发展。

在中国航天科技集团公司的一次年会上，王希季又一次深入地阐述了自己对"创新"的认识。他说，对于大的工程来讲，例如我们的导弹、我们的卫星，是由很多分系统、分系统下的子系统、子系统下的设备和部件等很多层次组成的。对一个卫星来讲，我们要做出一个新型号的卫星，要发射上天，要管用、好用。提供这样的一颗在天上运行的卫星，实际上就是一项产品创新。在我们的实际工作中，卫星的各个分系统都是由卫星整星总体设计选用的。如果卫星总体通过总体设计，选用了一个比过去的分系统更好或更适合总体的、新的分系统，这也是一项技术创新。这项选用了更好、更适合整个卫星的新的分系统的技术创新，对卫星总体工作而言是一项工艺创新。但是，对于按总体要求提供总体选用的、新的分系统的承制单位或部门而言，要提供新的、更好的产品（分系统），则是一项产品创新。一个分系统又是由设备、子系统组成。新的、改进的分系统可能由原来的设备和子系统重组获得，也可能由新的设备或子系统组成。选用什么新设备或新子系统，由分系统设计确定。对分系统责任单位而言，这项工作属工艺创新。但对提供新设备、新子系统的单位而言则又是产品创新。所以产品创新、工艺创新是分层次的，分来分去，最后分到元器件。对做元器件的单位来讲，提供新的更好的元器件也是产品创新。但是选用元器件组成设备或子系统，则是工艺创新。技术创新需要这样一个既有产品创新又有工艺创新的过程，两种方式的创新相辅相成，才能把创新的产品做出来。任何一个企业，既要注重产品创新，也要注重工艺创新。当前的情况是，我们更需要增进了解两种创新方式之间的关系。

王希季认为，发展航天器是航天技术发展的核心，航天的发展应首先成为航天技术创新的主体。"两弹一星"精神体现了自主创新，中国航天科技集团公司在自主创新或建立国家的创新体制方面应该成为排头兵，要认真总结我们自己在技术创新过程中的经验与教训，跟上时代的步伐，率先成为自主创新的企业，成为技术创新的主体，为发展我国航天技术产业，为实现国家中长期科学技术规划做出贡献。

王希季站在科学技术发展的前沿，积对科学研究探索和系统工程的实践，积一生成功与失败，形成了厚实积淀，在认真总结中国空间技术研究院科研发展过程的基础上，向上级领导提交了《中国空间技术研究院科研、论证、研发（R&D）和研制工作》报告，从科研、论证、研发和研制四个层面对技术创新作了更加深入细致的解析，充分体现了王希季对科研人员的认可和对科研成果的尊重。

王希季认为，科学研究的结果，无论成（达其目标）与不成（未达其目标）都是成绩，不容抹杀。成功的使科学得以前进，不成功的也可说明此路不通，对从事此业也有好处。王希季认为，论证一般是软科学研究，属研究范畴。论证之所以属"软科学"，是因为论证者要研究的是某事某物的性质（质）、大小（量），它的外部环境和本身系统的组成和结构方式等，从而明确和定位某事某物，并在此基础之上，提出要不要做某事、某物和如果要做，方针路线、方案如何等。论证宜经常不间断地进行，并鼓励独立思考和有所创新，要引导论证多做促进国家先进生产力发展增强核心竞争力等方面的工作。研究和发展（R&D）即研发，包含研究和发展两大领域。纵观中国空间技术研究院的发展，没有一个不是靠研发工作打底和开路的。一个航天器型号的工作，是一个要创造出新的航天器工程系统的系统工程工作。该工作包含面很广，其中有继承的、也有发展的。继承的主要还是过去研发的成果，发展的主要是涉及根本能力的，特别是核心竞争力的。技术创新的重头戏在于将"新的创意转化成广泛的实践应用的过程"。一般来说，这个转化的实现主要依靠研发工作。通过研发工作，应得出可供航天器选用的、新的、先进的元器件、整机或分系统。这就要求研发工作包含试验（E）和验证（V）工作。因此，有的企业把研发改进成研制（RDE&V）。研制有研究和制造两重含义，是研究、发展、设计、制造、试验和验证一系列工作的简称。研制工作属技术和生产范畴，是改造客观世界的工作。高技术是先进生产力，其产品的研制，处于不断创新和竞争剧烈的环境之中，研制过程中不宜简单地按上过天和没有上过天等"大道理"来"定型"，也不宜"不断改进"，宜结合实际因时制宜。设计是研制工作程序中的第一项工作，是变设计师的意图为硬软实物的"出图"阶段的工作，是为生产制造提供依据和资料的研制工作。设计师的意图在于创造新的、目标可量化的、选优的系统。因此设计必须依据由产品目标量化得到的技术经济指标，按设计工作客观存在的程序和规律，从指标认定、概念设计、可行性设计、方案设计到详细设计一步一步有序深入地进行。只有详细设计的图纸和资料才能用于生产和制造。按详细设计制造出来的产品，应能满足技术和经济指标的要求，应能经受空间恶劣环境的考验，应能在寿命期内在空间稳定工作。

王希季曾多次提到核心竞争力的问题，负责进行了"中国空间技术研究院的核心竞争力"的研究课题。他主笔撰写的《论中国空间技术研究院的核心竞争力》一文，以小窥大，起点在研究院的发展，制高点在国家综合实力的提升，提出了"强有力的中国空间技术工程系统的创新能力是中国空间技术研究院的核心竞争力"的观点。王希季认为，核心竞争力不是一般的竞争力，而是一个单位（如研究院）特有的、突出的优势。这种优势是靠自己本身的文化、知识、资财的有意识地积累和发挥才能获得的。在现实环境中，一个单位如何既适应又发展，王希季提出要与时俱进。一个能在社会上生存的单位，并不一定都能发展，如不能发展，则最终还是生存不了。一个能生存也能发展一时，但不能和社会"与时俱进"发展的单位，基本上属不能发展之列，最终还是要被淘汰。只有既能生存又能和社会"与时俱进"发展的单位，才会成为支撑和推动社会发展的重要力量，即所谓的"主力军"。能成为国家一个方面"主力军"的重要力量，不是一般的竞争力，而是这个单位特有的、突出的，不仅能较好的满足社会需求，而且还能不断拉动更多更大需求的力量，也就是它的核心竞争力。如何打造核心竞争力，王希季站在国家的高度认为，竞争不仅带来了研究院的发展，更带来中国空间事业的发展。中国空间事业的发展与国家经济、国防建设以及国际局势密切关联。一个单位的核心竞争力，是需要审时度势，精心选择，着力"打造"才会形成的。

在这篇论文中，王希季对中国空间技术研究院的核心竞争力的形成进行了透彻的分析。他从第一枚探空火箭、第一颗卫星、第一枚卫星运载火箭到赵九章、钱学森的远见卓识，从机构体制的几经变迁到国家发展、国际变幻，论证了中国空间技术研究院能不断为国家做出重大贡献和能持续发展的原因,主要是研究院自身的能力,这个能力就是研究院的突出优势、特有的核心竞争力,是研究院强有力的空间技术工程系统的创新能力。他认为,中国空间技术研究院的这个核心竞争力是如下三种优势力量的合力:一是拥有一批最优秀的中国空间技术专家和能组成各种有创新能力的空间技术工程系统研制梯队;二是有一个得到了各专业研究所支持和能接纳外部力量为我所用的总体设计部;三是有以发展我国空间技术事业、满足国家和人民需求为己任和发扬"两弹一星"精神、不断创新的优良文化传统。这三种有形和无形的力量的合力,形成了研究院的核心竞争力,使研究院在成立以来的几十年中,尽管风雨不断,但始终处于中国空间事业发展的主力地位。这个能力使我国成为世界五个航天大国之一。

在这篇论文中,王希季认为,中国空间技术研究院拥有一批中国最优秀的空间技术专家。这批专家身上体现出的科技文化是一种求发展的文化。在建院之前,研究院的专家们就认识到推动中国空间事业发展的原动力在于中国社会对空间和空间技术的需求和满足这种需求的能力之间的互动。这种互动要求一定要有人提出促进中国的发展和人民生活的提高需要发展空间技术,同时也一定要有人去满足这种需求;一定要有人提出中国实现现代化和立足于世界强国之列必定会对空间和空间技术有更多、更大、更高的需求,同时也要有人能更好、更快、更省地去满足这些更多、更大、更高的需求。这样,提出需求和满足需求,从而拉动更多、更大、更高的需求,又更好、更快、更省地满足需求,两者形成良性互动就是我国空间技术,也是研究院不断发展不断壮大的原动力。他认为,纵观研究院的创建和发展,处于一个竞争十分剧烈的环境之中。在这种环境中的专家和科技队伍,发扬"大力协同、勇攀高峰"的精神,以发展中国空间技术、满足和推动国家和人民对空间和空间技术的需求为己任,形成了一种有很强的求生存、求发展的

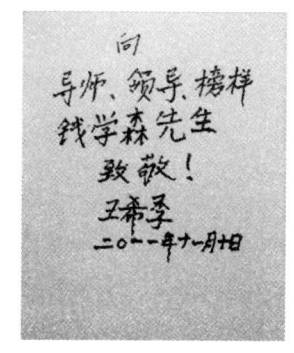

王希季在参观人民科学家钱学森事迹展览后留言

王希季在参观人民科学家钱学森事迹展览活动中与上海交通大学的学生交谈

忧患意识,形成了关注、推进和满足国家和人民对空间和空间技术需求,不断创造新的航天器工程系统的文化。这种文化就是"热爱祖国、无私奉献、自力更生、艰苦奋斗、大力协同、勇于攀登"的"两弹一星"精神。在这种可贵的精神支持下,研究院内部形成了求进取、究其所以然、简朴和平等的作风。这种在"白手起家"特定环境下、通过一批特定人物创造出的优秀文化,是在特定历史环境中培育和发展而成的,是研究院核心竞争力的灵魂,十分宝贵。

在这篇论文中,王希季指出,中国空间技术研究院的核心竞争力是在其发展过程中形成的无形和有形资产的有效作用的综合和聚集。只有认识了研究院的核心竞争力,才能体会到它在研究院的发展中所起的无形和有形的脊梁作用。他殷切希望,中国空间技术研究院的所有成员务要爱惜、珍惜研究院的核心竞争力,并使之发扬光大。

第十章

具有惊喜忙于事业的福寿岁月

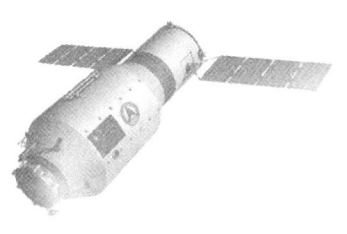

步入老年的王希季，仍壮心不已，长年奋战在航天科研前沿。在1999年9月荣获中共中央、国务院和中央军委授予的"两弹一星"功勋奖章以来的10多年的时间里，他不仅在卫星研制、课题研究和学术论著方面取得一系列的创新成果，还负责进行了中国第一个完全根据科学目标制订的、以中国为主的国际空间科学探测计划——地球空间双星探测计划（简称"双星计划"），并以"双星计划"中第一颗卫星和第二颗卫星均圆满完成了预定任务为21世纪头10年代（2001—2010年）的中国航天增添了新的光彩。此外，王希季作为双组长之一，于2006—2007年主持完成了"中国高分辨率对地观测系统工程实施方案"的论证和编制，为该专项工程获得国家批准、立项研制奠定了基础，做出了重大贡献。王希季自觉培养、大力弘扬"两弹一星"精神，为使航天领域的事业从无到有、规模从小变大、水平从低到高、实力从弱变强所创建的业绩和做出的贡献，得到业内外的公认和关注。2016年春节前，王希季还迎来党中央领导同志的登门看望和祝福。

老当益壮的王希季

王希季与夫人金婚留念

一、荣获"两弹一星"功勋奖章

中国于20世纪50年代中期以来获得蓬勃发展、取得伟大成就的"两弹（核弹和导弹）一星（人造卫星）"事业，极大地鼓舞了中国人民的志气，振奋了中华民族的精神，为增强中国的科技实力特别是国防实力，奠定中国在国际舞台上的重要地位做出了不可磨灭的巨大贡献。正如邓小平同志于1988年10月在题为《中国必须在世界高科技领域占有一席之地》的重要讲话中指出，如果（20世纪）60年代以来中国没有原子弹、氢弹，没有发射卫星，中国就不能叫有重要影响的大国，就没有现在这样一个国际地位。这些东西反映一个民族的能力，也是一个民族、一个国家兴旺发达的标志。

在成就"两弹一星"伟业的辉煌岁月中，广大研制人员不仅为中国实现技术发展的跨越创造了宝贵的经验，而且培育和发扬了一种崇高的革命精神——热爱祖国、无私奉献、自力更生、艰苦奋斗、大力协同、勇于攀登的"两弹一星"精神。

为了大力弘扬"两弹一星"革命精神和优良传统，动员广大科技工作者和全党、全军、全国各族人民，抓住发展机遇，迎接时代挑战，加快实施科教兴国和科技强军的战略，中共中央、国务院和中央军委于中华人民共和国成立50周年前夕，对当年为研制"两弹一星"做出突出贡献的包括王希季在内的23位科技专家给予表彰，并授予（或追授）"两弹一星"功勋奖章。

在王希季荣获"两弹一星"功勋奖章的事迹介绍中，有下面一段文字对他为"两弹一星"事业做出的突出贡献做了提纲挈领性的概括。

王希季……我国早期从事火箭技术研究的组织者之一，是我国第一枚液体火箭及其后的气象火箭、生物火箭和高空试验火箭的技术负责人，倡导并参与发展无控制火箭技术和回收技术两门新的学科。他创造性地把我国探空火箭技术和导弹技术结合起来，提出我国第一种卫星运载火箭的技术方案。主持"长征1号"运载火箭和核试验取样火箭的研制。作为返回式卫星的总设计师，负责制订出立足于国内技术和工业基础又能达到国际先进水平的研制方案。在他主持下大量采用新技术并突破一系列技术关键，使返回式卫星增大了功能、延长了寿命，使我国卫星返回技术达到国际先进水平，使我国成为世界上仅有的掌握此项高技术的三个国家之一。

1999年9月18日，在北京人民大会堂隆重举行的表彰为研制"两弹一星"做出突出贡献的科技专家大会（简称表彰大会）上，党和国家领导人宣读了中共中央、国务院和中央军委关于表彰为研制"两弹一星"做出突出贡献的科技专家并授予"两弹一星"功勋奖章的决定，高度评价了"两弹一星"的伟大成就、全面总结了"两弹一星"的成功经验，精辟阐述了"两弹一星"的传统精神、明确提出了科教兴国和科技强军的战略任务。在聆听党和国

神采奕奕的"两弹一星"功勋奖章获得者王希季

家领导人讲话之时，王希季的脑海里不时浮现昔日与同事们一起为开创和发展祖国的航天事业而奋斗的往事，心胸中不时涌起要为祖国航天事业的进一步发展而继续奋斗的豪情。当他在欢快激越的乐曲声中走上领奖台接受"两弹一星"功勋奖章之时，他感动，感动于自己仅做了该做的事却获得了党和国家的至高荣誉；他感谢，感谢与自己风雨同舟，一起为发展中国航天事业而奋斗的同行们。他想：我作为航天科技战线的代表之一获得这份殊荣，该怎样更好地报效党和国家呢？唯有弘扬"两弹一星"精神，趁身体还好、精力还旺之际，尽力为中国航天事业做出新的贡献。

他是这样想的，也是这样做的。他身体力行，践行着自己对党、祖国和人民许下的诺言。

二、为中国在国际空间科学探测领域争光彩

地球空间是迄今航天活动的集中区域。它指的是高度（距地球表面

的高度，下同）大约 60 千米以上直到几十个地球半径的空间区域，该区域内的地球大气处于部分电离或完全电离的状态。其中，部分电离的大气层称为电离层，层顶高度大约 1 000 千米；电离层之上、完全电离的大气层称为磁层，磁层之外就是行星际空间。磁层的外边界受太阳风（为日冕区喷射出的高速等离子体流，主要成分是电子和质子）控制。在太阳风与地球偶极子磁场相遇时，地球偶极子磁场被压缩成顺太阳风方向延伸的彗星状，其边界就是磁层的顶。磁层在朝向太阳一面的层顶高度为 8~11 个地球半径。磁层在背向太阳的一面可延伸到几百个地球半径，甚至一千个地球半径以远。磁层的形状在朝向太阳的一面很像一个略被压缩的半圆球，背向太阳的一面有一个很长的近似圆柱形的尾部（称为磁尾）。磁层中还存在两个带电粒子相对集中的地带，这两个地带分别被称为地球内辐射带（主要成分为质子和电子）和地球外辐射带（主要成分为电子）。地球空间的状态和变化直接受太阳活动的影响，一些爆发性的太阳活动可在地球空间产生磁暴（为全球地磁场的剧烈活动，可引起电离层和高层大气的剧烈扰动，对航天活动、通信、导航的定位精度有重要影响）、磁层亚暴（为磁层中巨大能量贮存和突然释放的瞬变活动，每天发生 3~4 次，每次释放的能量大约相当于一次中等强度地震释放的能量，可引起极区地球空间环境的剧烈变化）、极光亚暴和电离层暴等空间暴。不同的空间暴，在地球赤道区和极地区有不同的表现形式。地球空间的状态关系到航天器的安全运行和通信广播、导航定位的质量，也关系到人类的生存环境。为了能掌握地球空间环境的变化规律，能预报地球空间环境短时间内的变化（即进行空间天气预报），世界各航天国家和组织已经实施或正在实施或准备实施多项对地球空间环境进行探测的计划，其中，"双星计划"就是 21 世纪初期实施的一项以中国为主、在国际上有一定地位和影响的地球空间探测计划。

"双星计划"是在空间物理学（研究地球空间物理现象和过程的学科）专家刘振兴（1929—2016，中国科学院院士，时为中国科学院空间科学与应用研究中心研究员、"双星计划"首席科学家）牵头，由中国科学家于 1997 年 4 月正式提出。该计划拟利用运行于地球赤道区附近的大椭圆轨道（设计指标为近地点高度 500 千米、远地点高度 67 000 千米、倾角 23 度）上的探测 1 号卫星和运行于通过地球两极地区上空的大椭圆轨道（设计指标为近地点高度 700 千米、远地点高度 39 000 千米、倾角 90 度）上的"探测 2 号"卫星相配合，探测当时国际上地球空间探测卫星

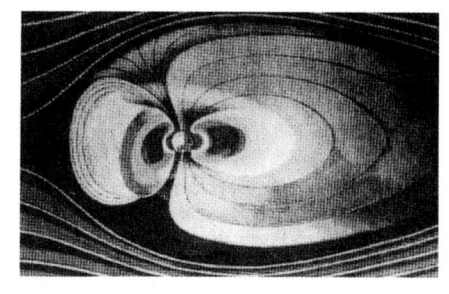

地球空间环境示意图

没有覆盖的两个重要的磁层活动区的电磁场和能量粒子的时空变化、进行卫星电位主动控制试验，以研究磁层亚暴、磁暴和磁层粒子暴（为近地磁层中各类粒子爆发性事件，对航天活动有重要影响）的触发机制以及它们对太阳活动的响应过程，建立符合实际的地球空间环境动态模式并研究预报方法。该计划与欧洲空间局的"团星—2"计划（由 4 颗于 2000 年 7 月和 8 月分两次发射到近地点高度 19 000 千米、远地点高度 119 000 千米、倾角 90 度的轨道上运行的卫星组成星座，探测磁层的三维小尺度结构和获取磁层事件的大尺度资料）相结合，形成对地球空间进行探测的 6 点星座，可以获得多层面、大尺度和全方位的磁层动态特性，研究一些过去不能解决的关键空间物理问题，为人类带来关于太阳风与磁层相互作用的新信息，有助于提高空间天气预报的水平。

"双星计划"提出后，受到国际空间物理界的关注。欧洲空间局和国际空间协调组（由美国航空航天局、欧洲空间局、俄罗斯航天局和日本空间局组成）曾在他们的工作会议上，对"双星计划"进行了讨论，对"双星"计划的科学构思给予了很高的评价，并通过了对"双星计划"的推荐书，表示愿意在"双星计划"中开展合作、为"双星计划"提供先进的探测仪器。

2001 年 2 月，中国正式启动了"双星计划"，全面开始了"双星"工程系统的各项研制工作。同年 7 月 9 日中国航天局与欧洲空间局正式签署了有关"双星计划"的合作协议，使这一计划成为空间探测领域第一个以中国为主进行的国际合作计划，使"双星"工程系统成为空间探

测领域中第一个以中国为主研制的国际合作项目。

"双星"工程系统由"探测1号"卫星和"探测2号"卫星、"长征2号丙"新改进型运载火箭、发射场、测控网、探测数据接受和应用系统等组成。其中，卫星及其平台由中国空间技术研究院负责研制，星上的探测仪器由欧洲空间局和中国科学院空间科学与应用研究中心分别负责研制，"长征2号丙"新改进型火箭由中国运载火箭技术研究院负责研制，发射场分别选用西昌卫星发射中心（发射"探测1号"卫星）和太原卫星发射中心（发射"探测2号"卫星），测控工作由西安卫星测控中心负责进行，探测数据的采集、管理和传输由中国科学院空间科学与应用研究中心负责进行，探测结果由中国和欧洲空间局共同享有。

为了使上述这样一个水平高、创新性强的地球空间探测计划能早日实现，时年已逾八十、功成名就的王希季不顾个人的荣辱得失，毅然决然地承接了"双星"工程系统总设计师的重任。他针对"双星计划"的特点和以往科学卫星或多或少存在科学任务将就工程可能（俗话就汤下面）的情况，强调"双星"工程系统的研制，一定要从使用部门提出的科学任务出发，努力实现科学家追求的科学目标，一定要遵循对复杂工程系统研制普遍适用的"先高后低、先外后内、新难先行"的做法（参见第九章第三节），使"双星"工程系统达到整体最优。正是在这种思想的指导下，"双星"工程系统成为中国第一个完全满足科学目标的卫星科学探测系统，"双星"工程系统在研制过程中未出现整体性的方案反复。

作为"双星"工程系统总设计师，王

王希季与马兴瑞（左二）、张永维（右二）等在卫星总装厂

希季不仅要负责整个工程系统的研制工作，还按分工重点抓了双星的研制。在他指导下，张永维（时任"双星"总设计师，研究员）负责制定的"双星"方案既全面满足了使用要求、又充分利用了成熟型号卫星的技术成果，具有系统简洁轻巧、技术进步鲜明等特点。双星——"探测1号"卫星和"探测2号"卫星采用同一种平台。该平台以"东方红2号甲"通信卫星平台为基础，针对双星的特殊要求和原平台的不足之处进行适应性修改而成。平台各分系统采用的大部分技术已经通过"实践5号"科学与技术试验卫星（参见第六章第十节）等型号卫星的飞行考验。平台主体的外形为直径2.1米、高度1.4米的圆柱体，圆柱体的侧表面除中段外均粘贴太阳能电池片，圆柱体的顶部和底部装有数据传输和测控天线支架，圆柱体的底部还装有两根可沿半径方向朝两侧展开伸直（发射时呈折叠收拢状态，入轨后展开伸直）的伸杆。伸杆的端头处分别安装有关探测仪器的探头，伸杆端头距主体2.5米。双星中每颗卫星的入轨质量约330千克，均采用自旋稳定方式沿轨道运行，自旋轴垂直于黄道面（地球绕太阳公转轨道所在的平面），设计工作寿命分别为18个月（"探测1号"卫星）、12个月（"探测2号"卫星）。在卫星的研制过程中，王希季和张永维带领研制人员，采取有效措施，从元器件入手，解决了卫星磁洁净度控制、等电位控制、抗大剂量和高能量空间粒子辐射等在以往中国卫星研制过程中未曾遇到的难题。

高分一号对地观测系统示意图

用于发射"探测1号"卫星或"探测2号"卫星的"长征2号丙"

新改进型火箭，是以"长征2号"丙两级液体火箭的第一子级和第二子级与新研制的第三级火箭组成的串联式三级运载火箭，起飞质量约214吨。其中，第三级火箭的起飞质量约3 600千克（含卫星的质量），动力装置采用固体发动机。

2003年12月30日，"双星计划"中的第一颗卫星——"探测1号"卫星发射上天。这一成就不仅拉开了"双星"探测的序幕，而且使中国航天以2003年各次发射任务全部告捷的优异成绩迎来了将有新作为的2004年。

2004年7月，"双星计划"中的第二颗卫星——"探测2号"卫星按计划成功地进行了发射。

"双星计划"的成功，使21世纪中国空间物理和空间环境探测工作有了一个良好的开端。后来，该计划还与中国已建成的"子午工程"系统（沿东经120°线和北纬30°线布局建设15个地基空间环境探测站，利用地磁、无线电、光学和探空火箭等多种手段，连续监测中高层大气、电离层和磁层以及星际空间的环境参数）等配合，致力于对地球周边空间环境进行立体监测，为中国航天活动的安全进行提供保障。

"双星计划"是中国于21世纪进行的第一项重点空间科学任务。此后，中国又于21世纪初组织实施了旨在使空间科学研究进入世界前列的"空间科学战略性先导任务"等多项重点科学任务。截至2017年6月，中国已发射成功隶属于"空间科学战略先导任务"的"悟空号""实践10号""墨子号"和"慧眼号"4颗重要的空间科学卫星。其中，2015年11月发射的"悟空号"卫星为暗物质粒子探测卫星（包括暗能量在内的暗物质被认为是宇宙研究中最具挑战性的谜题，是一种因存在现有理论无法解释的现象而假想出的物质，该物质比电子和光子还小，但数量庞大，约占宇宙总物质的26%，无法直接观测到，但能干扰星体发出的光和引力，其存在能被明显地感受到）；2016年4月发射的"实践10号"返回式卫星为中国第一颗专用于微重力实验的卫星；2016年8月发射的"墨子号"卫星为世界上第一颗量子科学实验卫星；2017年6月发射的"慧眼号"卫星为中国第一颗硬X射线空间天文卫星,将实现中国在空间高能天体物理领域由地面观测向天地联合观测的跨越。曾多年兼任中国空间科学学会副理事长或理事长、现仍兼任该学会名誉理事长的王希季参与了上述这些卫星计划的制定,对这些卫星计划获得预期成功寄以厚望。

三、为中国高分辨率对地观测系统建设绘蓝图

早在20世纪80年代初中期就通过倡议发展、并负责研发国土普查卫星(参见第六章第五节),率先开创了中国卫星为国民经济建设服务局面的王希季,在中国特色社会主义建设事业于21世纪初进入全面建设小康社会新阶段之际,又根据中国国民经济和社会发展对高分辨率遥感数据的迫切需求以及中国对这些数据的获取还停留在依靠本国的航空遥感系统和可以为国际社会提供服务的国外民用或商用高分辨率遥感卫星,以及这些数据的应用还存在部门各自为政、部门间较难共享等现实情况,积极向国家有关部门建议应尽快建设国家级的、综合型的高分辨率对地观测系统,并大力促成该系统于2006年列为《国家中长期科学和技术发展纲要(2006—2020)》16个重大专项工程之一。此后,他又和王礼恒(1938— ,中国工程院院士,时任中国航天科技集团公司科技委主任)一起,受国防科技和工业局等该工程项目牵头部门的委托,主持进行并于2007年12月完成了该工程实施方案的论证和编制。

为了确保编制的中国高分辨率对地观测系统工程(以下简称"高分"工程)的实施方案能顺利地得到国家批准,以便该工程尽早开始研发,王希季根据他参与制定的"高分"工程的发展内容和任务目标,主持进行了"高分"工程的顶层设计(参见第八章第一节)。"高分"工程顶层设计明确指出,中国的高分辨率对地观测系统是国家级的、先进的、好用的、发展与整合各相关领域对地观测系统的、各相关方面信息相结合的、可以为国家应急信息系统提供支持的系统。给出了该国家级系统的组成结构和发展路线图框架,列出了建设该国家级系统需要解决的关键共性技术和攻克这些技术的可行途径,提出了如何实现各相关方

面信息资源的整合和共享的具体措施。这个顶层设计为论证会制订出一个符合中国国情、满足中国急需（指在农业生产、防灾抗灾、资源环境、公共安全等领域对高分辨率对地观测数据的迫切需求）、具有中国特色的"高分"工程实施方案奠定了基础，起到了引导思路的作用。2008年11月至2009年4月，有关单位受财政部和"高分"工程牵头部门的委托，组织数十名专家对"高分"工程实施方案从技术、经费和管理等方面进行了全面审查和咨询评估。评估认为，高分辨率对地观测系统对促进我国经济社会全面发展、提升我国综合国力的意义重大；"高分"工程实施方案提出的总体框架合理，兼顾了各相关领域对高分辨率对地观测数据的需求，体现了体制创新、技术创新和机制创新的实施原则，所提的建设内容和阶段目标科学合理、技术途径可行，可以满足国家对科技领域重大工程项目的有关要求；从总体来说，"高分"工程实施方案全面、严谨、科学。

"高分"工程实施方案明确，要在中国现有的对地观测系统稳定服务的基础上，用10~15年的时间建立一个有中国特色的能覆盖全球的天、空、地一体化的高空间分辨率（指遥感器所能分辨的最小地面目标的尺度小，对传输型遥感器来讲指的是遥感器瞬时视场或探测单元所相应的地物尺度小——地面像元分辨率高）、高时间分辨率（指同一地区的遥感数据的间隙时间短）和高光谱分辨率（指光学遥感器在接受地面目标辐射时能分辨的最小波长间隔小）的全天候、全天时的国家对地观测系统。

"高分"工程实施方案明确，中国高分辨率对地观测系统的重点实施内容和目标是：重点发展各种分别基于卫星、飞机和平流层飞艇的先进的高分辨率对地观测系统，以形成一个统一的时空协调、全天候、全天时的国家高分辨率对地观测系统；建立国家高分辨率对地观测系统数据中心等地面支撑和运营系统，提高中国空间高分辨率对地观测数据（指中国拥有的从卫星遥感所获得的高分辨率对地观测数据）的自给率，形成空间信息产业链。

"高分"工程实施方案明确，国家高分辨率对地观测系统由能获取高分辨率对地观测数据的本国的卫星遥感系统、平流层飞艇遥感系统和飞机遥感系统以及国家高分辨率对地观测数据中心和各类应用系统等组成。其中，卫星遥感系统中的卫星包括运行于不同轨道、采用不同成像方式和具有不同分辨率的卫星，平流层飞艇为国际上正在研发的飞行高度界于飞机和卫星之间的新型空间平台，飞机包括有人驾驶飞机和无人驾驶飞机；对地观测数据中心由现实的和虚拟的、通过网络连结的实现各类对地观测数据集中接收、处理、管理、共享和应用的数据系统组成；对地观测数据应用系统包括国家各项重大工程中的遥感应用系统、各类基于遥感数据的专业业务运营系统以及服务大众的生活、旅游系统，国家级大型对地观测数据应用系统有气象预报系统、沙尘暴监测系统、农情（农作物生长情况）评估与监测系统、林火（森林火灾）监测预警系统、国土资源动态变化监测系统、森林资源监测系统和城市环境监测系统等。

"高分"工程实施方案明确，为保证中国高分辨率对地观测系统按步骤、有计划地顺利实施，国家已设立了相应的领导机构，应在国家的统一部署下，研制发射新型太阳同步轨道、地球静止轨道的高分辨率对地观察卫星，实施"国家卫星遥感地面（网、站）系统"一期工程建设和二期工程设计；应通过大科学系统工程建立和完善国家高分辨率对地观测数据中心，制定高分辨率对地观测数据获取、处理、分发和应用的标准规范，建设和完善遥感卫星数据定量化应用的支撑设施，形成对有关领域业务应用系统和国家宏观决策的支撑能力，实现高分辨率对地观测数据社会共享；应建立航空遥感大科学系统，提高中国高分辨率对地观测数据的获取和应用能力。

根据"高分"工程实施计划，中国已于2011年开始了新型太阳同步轨道、地球静止轨道高分辨率遥感卫星的研发工作，现已取得了不同程度的进展。其中，高分辨率太阳同步轨道遥感卫星包括光学成像卫星和雷达成像卫星。

2013年4月26日，高分辨率对地观测卫星1号（简称"高分"1号卫星）在"长征2号"丁火箭携带下从酒泉卫星发射中心起飞升空，成功地进入预定的太阳同步轨道。这颗卫星既是中国高分辨率对地观测系统工程计划在2011—2015年发射5~6颗"高分"卫星中的第一颗卫星，也是中国继2007年9月发射成功本国第一颗具有高分辨率遥感数据获取功能的资源1号02B星、2012年1月发射成功的本国第一颗民用高分辨率遥感卫星——资源3号光学传输型立体测绘卫星之后，中国在高分辨率太阳同步轨道遥感卫星领域取得的新突破。

作为中国"高分"工程实施方案论证和编制组双组长之一和中国空间技术研究院技术顾问的王希季，对同属一个研究院的东方红卫星公司负责研发的"高分"1号卫星给予了高度关注和评价。他认为，"高分"1号卫星的发射成功对中国高分辨率对地观测系统建设蓝图中的其他项目的研发是一个大促进；这颗卫星突破了高空间分辨率、多光谱和宽视场相结合的光学遥感以及高寿命、高性能平台等关键技术，对提高中国对地观测卫星的研制水平具有重要意义。

曾参加"高分"工程实施方案编制的马骏（时任中国空间技术研究院研发部总工程师，研究员）在谈到这一经历时说："在编制'高分'工程实施方案时，王老（对王希季的尊称）不仅给我们讲他的思路，还针对该项论证的定位、方向、发展思路、框架等亲自一笔一笔地修改、把关、确认……我感到王老非常了解国情，既高瞻远瞩又实事求是，从不脱离实际谈大而不当似是而非的意见……我认为王老对国家民用航天战略发展做出的贡献巨大。"

"高分"1号卫星发射后，"高分"工程不断取得新进展，新突破，已于2014年8月和2015年6月、9月、12月相继发射成功了"高分"2号卫星和"高分"8号卫星、"高分"9号卫星、"高分"4号卫星。其中，"高分"2号卫星使中国光学型对地观测卫星的空间分辨率首次达到了1米，这意味着从"高分"2号卫星于600千米高度获得的地面图像上能够分辨出汽车的大小；"高分4号"卫星为中国第一颗地球静止轨道高分辨率光学成像卫星，也是现今世界上空间分辨率最高、图像幅宽最大的地球静止轨道遥感卫星，能获取中国及周边地区、约1/3地球表面积的地物图像，装载的大口径面阵凝视相机在可见光谱段的空间分辨率为 50 米、在中红外谱段的空间分辨率为 400 米,形象地说就是能发现在大海中航行的大油轮。由此可见,"高分"工程不愧为践行创新驱动发展战略的"创新工程"和高分辨率对地观测的"天眼工程","高分"卫星不愧为中国在全面建设、致力建成小康社会的新时期中进行对地观测的"尖兵"。

四、农历丙申年前喜迎党中央祝福

农历丙申年自 2016 年 2 月 8 日开始。在全国亿万民众欢天喜地迎接猴年春节的日子里,2016 年 1 月 25 日、26 日,刘云山(时任中共中央政治局常委、中央书记处书记)代表习近平(中共中央总书记、国家主席、中央军委主席)和党中央,登门看望 1999 年国家颁发的"两弹一星"功勋奖章获得者、中国科学院(资深)院士程开甲(物理学家、核武器技术专家,1918 年 8 月生)、任新民(航天技术和火箭发动机专家,1915 年 12 月生)、王希季和 2015 年诺贝尔生理学或医学奖获得者屠呦呦(女,药学家,1930 年 12 月生),向他们致以诚挚问候,向全国广大科技工作者致以新春祝福。

1 月 26 日上午 9 时半,刘云山在赵乐际(时任中共中央政治局委员、中央组织部部长)等随同和雷凡培(时任中国航天科技集团公司党组书记、董事长)、张洪太(时任中国空间技术研究院院长)等陪同下,来到王希季居住的中国空间技术研究院白石桥宿舍区。事先已得知这一喜讯的王希季,满怀激动和喜悦的心情在家门口恭迎贵宾的来临。刘云山进入王希季家中后,与王希季坐在沙发上进行了亲切交谈。

在交谈中,王希季对习近平总书记和党中央的亲切关怀深表感谢,高度赞誉党的十八大以来党中央治国理政新理念、新思想、新战略和新目标。王希季还深情回忆了当年搞"两弹一星"时的感人情景,恳挚表示今后要致力于加强国家总体战略和航天战略对接与融合的研究,为推进我国科技创新驱动发展、提升我国综合实力继续努力。

五、庆祝首个"中国航天日"

2016年4月24日,为2016年3月经中央同意、国务院批复的自2016年起每年的4月24日设立为"中国航天日"之后的第一个"中国航天日"。

尽管现今在中国对"中国航天"中的"航天"一词的内涵有两种说法或理解[一是指学科分类概念下的航天,为国际公认的通常意义下的"航天",可称为常义的航天;二是指现行体制状态下把导弹和航天(常义的航天)捆绑在一起统称为航天的"航天",可称为广义的航天],尽管本书在本节之前的各章节中谈论的航天均指常义的航天,但对中国来讲,作为节日的"中国航天日"所涉及的范畴应该是中国广义的航天领域。

经过半个多世纪的发展,中国的航天事业已在世界相应领域占有重要地位。从世界范围来看,为了纪念航天事业发展过程中的里程碑(或标志性)成就和震惊世界的重大事件,推动开发太空造福人类的事业进一步发展,已陆续出现了多个以航天(或太空)为主题的节日或活动。1962年,苏联为纪念1961年4月12日发射成功"东方1号"载人飞船开启了人类载人航天里程,决定将每年的4月12日定为"航天日"。1989年12月8日,第44届联合国大会当日举行的会议通过了"和平利用外层空间的国际合作"决议,并同意将1992年定为"国际太空年"。1999年12月6日,第54届联合国大会当日举行的会议核准了当年7月召开的联合国第三次外层空间会议提出的将每年的10月4日至10日定为"世界航天周"的建议。"世界航天周"的确定与下述的世界航天史的2个里程碑事件紧密相关。这两个里程碑事件,一为1957年10月4日世界上第一个航天器——苏联的"伴侣1号"卫星进入太空轨道运行,标着着人类社会进入开发利用太空的新纪元;二为1967年10月10日《外层空间条约》(指1966年第27届联合国大会于当年12月召开的会议通过的"关于各国探索和利用月球和其他天体在内的外层空间的活动原则和条约")正式生效,为人类和平利用太空奠定了法律基础。2003年,美国国会将每年的1月28日定为美国宇航局的纪念日,用以纪念1986年1月28日"挑战者"号航天飞机爆炸等美国航天史上重大事故而牺牲的航天员。

在"国际太空年"和"世界航天周"期间,中国航天科学技术工作者的两个学术性群众团体——中国宇航学会和中国空间科学学会开展了相关的宣传和科普活动。时任中国空间科学学会副理事长的王希季组织领导了学会的这些活动,并对学会组织编写、河南省海燕出版社于2001年出版的《神奇的太空丛书》给予指导。作为中国航天事业奠基人之一的王希季,更是期盼中国能早日设立本国的"航天日"。

已在21世纪初期成为航天大国的中国,提出设立"航天日",不仅是顺应国际潮流的行动,更是国人特别是中国航天战线全体人员众望所归的举措。

在2009年到2013年中国人民政治协商会议每年3月召开的全国委员会全体会议期间,航天界的全国政协委员连续5次提交了设立"中国航天日"的议案,该议案得到包括王希季在内的39位中国科学院院士和中国工程院院士的附议。"设立中国航天日"的提案认为,中国作为航天大国,应该通过"航天日"的设立,向全民普及(航天)科普知识,形成崇尚科学、崇尚创新、崇尚探索的社会风气。2013年12月,国防科技工业局组织有关方面的院士、专家20余人,对"中国航天日"的具体日期进行了讨论,同时决定正式启动"中国航天日"的设立程序并上报国务院。"中国航天日"的日期最终确立为每年的4月24日,系因1970年4月24日中国成功的发射了本国的第一颗人造卫星,拉开了中国探索宇宙奥秘、和平利用太空以造福人类的序幕。2016年3月8日,国务院批复同意自2016年起,将每年的4月24日设立为"中国航天日"。

在首个"中国航天日"来临的前夕,2016年4月18日,王希季接受了新华社记者的采访,在接受记者采访时,王希季回顾了他与同事们为开创和发展中国的火箭探空事业和航天事业所经历的艰苦创业、自主创新的历程，介绍了他现今正在研究"互联网+航天"思考互联网时代航天如何服务国防、服务经济和服务民生的问题。王希季语速不快，但思路清晰、滔滔不绝的受访言谈，给造访的记者留下了"这位出生于1921年，只比中国共产党小（二十）几天的老人，身上仍是'创客'的节奏"的印象。几天后，即2016年4月23日，新华网发布了有关这次采访的电讯，标题为"两弹一星功勋（奖章）获得者王希季94岁仍是'创客'"。

在首个"中国航天日"的当天，王希季从新华社发布的新闻中获悉习近平总书记就设立"中国航天日"作出主题为"坚持创新驱动发展勇攀科技高峰，谱写中国航天事业新篇章"的指示后认为，习总书记在指示中强调"探索浩瀚宇宙，发展航天事业，建设航天强国是我们不懈追求的航天梦"和设立"中国航天日"为的是"铭记历史，传承精神，激发全民尤其是青少年崇尚科学、探索未知、敢于创新的热情，为实现中华民族伟大复兴的中国梦凝聚强大力量"，表达了中国航天人的心声，定会鼓励中国航天战线坚持走创新驱动发展之路，为服务国家发展大局、早日实现航天强国目标和增进人类福祉做出更多更大的贡献。

六、欢度建党95周年

出生年月与党诞生年月相同的王希季，欢欣地迎来和度过中国共产党建党95周年的纪念日2016年7月1日。

"七一"前夕，王希季所在单位的上级单位——中国航天科技集团公司的党组领导，分别走访了集团公司中的包括王希季在内的一些老专家、老领导。6月30日上午，正在办公室伏案工作的王希季，高兴地迎来专程看望他的雷凡培（时任集团公司党组书记、董事长）等同志。雷凡培亲切询问了王希季的健康情况，向王希季介绍了集团公司近期发展情况，并对老专家为中国航天事业的发展做出的突出贡献表示感谢。王希季谈了他对中国航天事业未来发展的看法，并建议发展量子通信（注：在微观世界中，如电荷、能量等许多重要物理量的变化并不是连续的，而是以最小单位跳跃式进行的。物理量的这个最小单位称为量子，如能量子是能的单位，光量子是光的单位。而量子通信则是从20世纪90年代才开始发展的利用量子纠缠效应进行信息传递的一种新型的通信方式，具有传统通信方法所不具备的绝对安全特性。中国已于2016年8月发射"墨子号"量子科学实验卫星，该卫星于2016年11月在国际上率先成功实现了4公里级的星地双向量子纠缠分发，使量子通信向实用化迈出了一大步）。

"七一"当日，王希季收看了电视重播的在人民大会堂隆重召开的庆祝中国共产党成立95周年大会实况。习近平总书记在庆祝大会上说："我们党已经走过了95年的历程，但我们要保持建党时中国共产党人的奋斗精神，永远保持对人民的赤子之心。一切向前走，都不能忘记走过的路，走到再远，走到再光辉的未来，也不能忘记走过的过去，不能忘记为什么出发。面对未来，面对挑战，全党同志一定要不忘初心、继续前进"。听了习近平总书记的指示，党龄逾57年的王希季激动地表示：作为中国航天战线上的一名老党员，"不忘初心"就要不忘入党时立下的"全心全意为人民服务，不惜牺牲个人的一切，为共产主义而奋斗终身"的誓言，就要不忘"航天传统精神"和"两弹一星"精神；"继续前进"就是在现阶段要为"2020年全面建成小康社会，中国共产党成立100周年时实现第一个百年奋斗目标"和使中国早日成为航天强国而努力奋斗。

七、为中国在建设航天强国的征途上迈出重要一步点赞

2016年，中国明确提出了建设航天强国的目标（参见第十章第五节），并以实现了大型航天运载火箭"零的突破"表明已在建设航天强国的征途上迈出了重要一步。对此，年逾鲐背的王希季倍感欣喜和给予高度评价。

2016年10月3日，中国起飞质量最大、起飞推力最大，箭体直径

最大、运载能力最大的航天运载火箭——"长征5号"火箭，在海南文昌航天发射场进行的首次飞行试验取得圆满成功。"长征5号"火箭实现了中国液体航天运载火箭直径从3.35米到5米的跨越。该火箭采用直径5米的芯级，捆绑4个直径3.35米的助推器，总长度（高度）约57米，起飞质量约870吨，具有近地轨道25吨级、地球同步转移轨道14吨级的运载能力，比以往所有的以"长征"命名的各型号火箭相应轨道的最大运载能力提升了1.5倍以上。"长征5号"火箭代表了中国液体航天运载火箭技术创新已达到的最高水平，填补了中国在大推力、无毒无污染液体火箭发动机领域的空白，首次采用芯一级2台50吨推力的液氢—液氧发动机与4枚助推器各2台120吨推力的液氧—煤油发动机联合起飞方案，10台发动机同时点火，起飞推力达到1 060吨，实现了中国异型火箭发动机起飞技术的重大突破。曾领导开创中国航天运载事业的王希季，热烈祝贺中国航天运载火箭研制战线在中国液体航天运载火箭升级换代工程中取得的里程碑式的成就，使中国液体航天运载火箭的运载能力进入国际先进行列；殷切期望中国航天运载火箭研制战线再接再厉，认真做好后续各次航天飞行任务。针对中国的液体航天运载火箭一般都是按单键方式一枚一枚组织研制的现实，王希季根据他多年从事卫星研制的经验（参见第九章第三节），认为火箭设计师一定要明确每一枚火箭都有自身的、相当强的个性这个特点，万万不可有前面一枚火箭成功、后面的一枚同型号（甚至同批次）的火箭就一定会成功的想法，而应该针对每一枚火箭的具体情况一枚一枚地把火箭的设计、研制工作做好。王希季还根据中国航天的发展势头，预计再通过15~20年的努力，中国一定能实现航天强国之梦。2016年12月28日中国发布的《2016年中国的航天》白皮书明确提出，未来5年中国将加快航天强国的建设步伐。在此发布会上，中国航天局的负责人表示，中国将力争2030年左右跻身世界航天强国之列。2017年10月18日党的十九大代表雷凡培（时任中国航天科技集团党组书记、董事长）在党的十九大中央企业系统代表团讨论会上发言表示，到2020年我国力争实现在轨航天器数量超过200

颗，年发射30次左右，基本达到世界航天强国水平；到2030年力争使我国航天技术指标达到国际一流水平的百分比，从目前的30%提升至60%，使我国跻身世界航天强国之列；到2045年使我国航天在部分重点领域比肩美国，全面建成世界航天强国。

八、欣幸亲历党的十九大胜利召开

2017年的金秋十月，全党、全军和全国人民期盼良久的中国共产党第十九次全国代表大会于10月18—24日在北京胜利召开。年逾96岁的王希季欣喜万分的迎来这一举世瞩目的大会。

作为一名老党员，王希季把收看党的十九大开幕式作为上一次党课。他全神贯注地听取了习近平总书记代表党的十八届中央委员会向大会作的题为《决战全面建成小康社会　夺取新时代中国特色社会主义伟大胜利》的报告。

通过习近平总书记的报告，王希季认识到党的十九大是在全面建成小康社会、中国特色社会主义进入新时代的关键时期召开的一次重要会议。这次大会的主题是：不忘初心，牢记使命，高举中国特色社会主义伟大旗帜，决战全面建成小康社会，夺取新时代中国特色社会主义伟大胜利，为实现中华民族伟大复兴的中国梦不懈奋斗。

通过习近平总书记的报告，王希季明确了，不忘初心，方得始终。中国共产党人的初心和使命，就是为人民谋幸福、为中华民族谋复兴。作为一名共产党员，就要以这个初心和使命作为激励自己不断前进的根本动力，一定要做到永远与人民同呼吸、共命运、心连心，永远把人民对美好生活的向往作为奋斗目标，以永不懈怠的精神状态和一往无前的战斗姿态，为实现中华民族伟大复兴宏伟目标奋勇向前。

通过习近平总书记的报告，王希季认识到，当前国内外形势正在发生深刻复杂变化，我国发展仍处于重要战略机遇期，前景十分光明，挑战也十分严峻，作为一名共产党员，一定要做到登高望远、居安思危、勇于变革、勇于创新，永不僵化、永不停滞，团结带领人民决战全面建成小康社会，为夺取新时代中国特色社会主义伟大胜利奋勇前进。

通过习近平总书记的报告，王希季明确了，中国特色社会主义进入了新时代；中国共产党进行艰辛理论探索取得重大理论创新成果，形成了习近平新时代中国特色社会主义思想；我国社会主义矛盾已经转化为人民日益增长的美好生活需求和不平衡不充分的发展之间的矛盾；我国决定在2020年全面建成小康社会的基础上，再奋斗15年，到2035年基本实现社会主义现代化，而后在此基础上再奋斗15年，到21世纪中叶把我国建成富强民主文明和谐美丽的社会主义现代化强国。

听了习近平总书记的报告，王希季为报告所指明的"新时代、新思想、新矛盾、新征程"振奋不已，对实现报告中提到的建设科技强国、建设航天强国的目标充满信心。他坚信，在党的十九大精神的鼓舞下，我国的科技事业、航天事业一定会再创新辉煌。

九、与大学校友聚首纪念母校建校80周年

在党的十九大指出中国特色社会主义进入新时代之际，由北京大学与西南联合大学（简称西南联大）北京校友会、清华大学、南开大学、云南师范大学共同举办的西南联大建校80周年大会于2017年11月1日在北京大学进行。西南联大1942届毕业生的王希季与90位校友应邀参加了这次纪念活动。

西南联大是我国在全民族抗日战争期间设立在云南昆明的一所国立综合型大学。1938年4月，由国立北京大学、国立清华大学和私立南开大学于1937年8月在湖南长沙组建的国立长沙临时大学西迁到昆明，改称国立西南联大。因长沙临时大学正式开课的日期为1937年11月1日，后来11月1日成为了西南联大的校庆日。西南联大办学时间共8年11个月（1946年7月31日西南联大宣布办学结束，北京大学、清华大学和南开大学复员北返，学校的师范学院留旧址独立办学改称昆明师范学院并于1984年改称云南师范大学），为国家保存了在抗战时期的

重要科研力量,前后就读的学生8 000多名(现存世者约1 000名)。西南联大办学条件艰巨、校舍简陋,但办学成就显著,素有"内树学术自由、外筑民主堡垒"之美誉,校友中涌现出2位诺贝尔奖获得者、4位国家最高科学技术奖获得者、8位"两弹一星"功勋奖章获得者和163位中国科学院院士、12位中国工程院院士(其中2位也是中国科学院院士)。西南联大将学校的命运与国家民族的命运紧紧地联在一起,在中国高等教育史上铸就了一座永久的精神丰碑。

参加西南联大建校80周年纪念活动的西南联大校友有37名,他们中年岁最轻者已将近90岁、年岁最长者为出生于1918年的北京理工大学教授吴大昌。参加这次活动的还有西南联大校友的第二代、西南联大师范学校附属中学和附属小学的校友以及主办方4座大学的师生代表。

在西南联大建校80周年纪念活动现场,王希季十分高兴的见到时隔半个多世纪的同学。他们热情握手、互致问好,向坐落在北京大学化学南楼附近的西南联大纪念碑敬献鲜花。他们共同回顾了在抗日战争烽火年代经历的求学生涯,还借助虚拟现实技术"回到"西南联大,再次看看当年的教学楼和图书馆。他们一致认为,在西南联大他们不仅学到了知识,更接受了顽强不息、学以报国精神的熏陶,是西南联大精神激励他们在后来为建设新中国奋发努力。他们殷切希望,西南联大的办学精神、教学教育理念在新时代得以大力传承,为中华民族伟大复兴做出贡献。

十、祝愿中国空间技术研究院在新时代为建设航天强国创建新辉煌

迄今,王希季投身我国航天研发战线已近60年。在这段历程的前半段和后半段,他的主要工作单位分别为北京空间机电研究所(及其前身)、中国空间技术研究院院部。怀着使我国成为航天国家并进而成为航天大国、航天强国的共同理想,并肩经历开创和发展我国航天事业的

艰苦奋战，王希季与上述两单位及其职工建立了深厚的友谊（参见第十章第十一节）。在中国特色社会主义事业进入新时代之际，王希季殷切期望包括北京空间机电研究所在内的中国空间技术研究院为把我国建成航天强国创造新辉煌。2017年12月，王希季为中国空间研究院即将迎来建院50周年题词"五十载传承发展功果卓著，新时代创新驱动再创辉煌"予以庆贺。

经中国农业科学技术出版社及相关单位的努力，这本有很多内容紧密关联北京空间机电研究所历史、中国空间技术研究院历史的《王希季》传记的第一版，将于2018年7月、8月之交完成印制、出版发行。本书问世之前后适逢王希季院士97华诞（2018年7月26日）和北京空间机电研究所成立60周年纪念日（2018年8月21日）。借此机遇，作者将本书献给王希季院士97寿辰，献给北京空间机电研究所第一个甲子庆，并向王希季院士致以诚挚祝福，向北京空间机电研究所致以热烈祝贺，向被王希季誉为"他的母亲所"的北京空间机电研究所的领导关心和支持本书的撰写出版表示衷心感谢。

十一、务实求是的良师益友

王希季作为一名海归者，自愿选择了社会主义，深切地认识到只有中国共产党才能领导中国走上富强之路，决心为中国的社会主义建设，为中国建成小康社会努力奋斗，为发展中国的航天事业尽心尽责。他不仅在科研工作和著书立说等方面取得了重大创新成果，而且在敬业精神、为人师表等方面受到同事们的称赞。

王希季事业心强，工作认真负责，经常深入基层和科研生产第一线。在担任技术总负责人或总设计师期间，只要有型号总装任务，他总是亲临现场了解情况，处理问题。在王希季年逾花甲之时，同事们经常看到，两鬓染霜的王总（同事们对王希季的尊称）比年富力强的同志更早地出现在总装厂房、测试现场。让同事们更加敬佩的是，在多次带领研制人员去执行大型试验任务或发射任务时，王希季总是与参试人员同甘共苦，并肩战斗。或是型号发射成功，或是试验圆满结束，同事们高兴起来就让王总请客，王总每次都是心甘情愿地让大家"揩油"。让同事们特别感动的是，王总现今仍在工作日每天上班工作一段时间，致力于航天领域的科技工作，思考着中国航天未来的发展。同事们说，如果没有对祖国的热爱、对事业的执着，难以做到这一点。

王希季系统观强，技术和学术水平高，学风和作风严谨，办事一丝不苟。一次他感冒特别严重，嗓子疼痛发不出声音，一位技术人员到他家里向他汇报工作，看到王希季沙哑着嗓子说不出话，寒暄了几句就准备回去，想让王希季好好休息几天，可王希季敏锐的眼睛看出了这位技术人员的"来意"，叫住他开始询问工作，让家人找来笔和纸，一个说，一个写，开始了工作交流，直到把问题谈清楚了，他才把这位技术人员"放走"。在担任返回式遥感卫星总设计师时，他对所负责的卫星情况"了如指掌"，什么情况要想蒙他一下绝不可能办到。他对同事们提出的技术问题，总是认真听取，深入研究，冷静思考，集思广益。由他主持的技术研讨会，总能做到议而有决。大家交口赞扬他是一位头脑清醒、决策果断、才智卓越、有实干精神的技术带头人。

受到王希季培养的科研人员认为，他是位严师诤友。由王希季通过讲课和合作著书的方式、通过带领进行型号研制和预先研究的方式成长起来的一批空间技术领域的高级技术人员，普遍感到在他指导下工作，虽觉其要求严格，但业务能力和技术水平提高很大。

王希季是位直言不讳、务实求是的人。他对不利于中国航天事业发展之事敢于提出意见，对有利于中国航天事业发展之事乐于献计献策，勇于承担职责，对形式主义的做法颇不以为然。2001年，中国空间科学学会准备乘召开第六次会员代表大会之际，为该学会名誉理事长王希季80华诞祝寿，他得知后一再婉谢，并告诉学会领导，如果这样做他就不去参加会议了。林华宝院士生前曾打算组织编辑一本有关王希季的纪念文集，王希季同样表示不同意，说："不要搞这种形式了，大家心中有我，我就高兴不过了。"

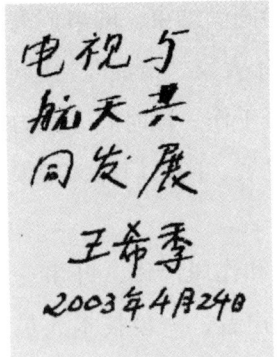

王希季为中央电视台的题词

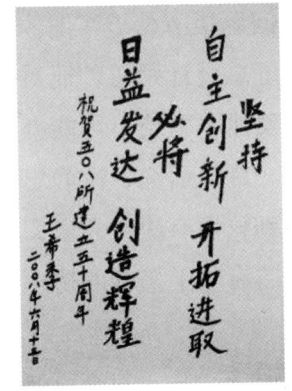

王希季为北京空间机电研究所建所50周年题词

2003年4月24日,中央电视台《大家》栏目邀请王希季做节目,回顾了他的"岁月留痕"和分享了他的"精彩人生",王希季还回答了主持人有关工作和个性方面提出的问题,并为中央电视台题词:"电视与航天共同发展。"采访中,主持人问:"我们看到过关于您的一份干部审核表,上面除写了您一大堆优点之外,还有这么一个缺点,说您有时比较固执,让人感到不好商量工作。您同意这个观点吗?"王希季答:"不同意。跟我做事很容易,只要是工作上的事情,都很容易商量。不合乎客观规律的东西,我是坚决不做的。甚至有些我觉得不应该做的事情,你如果一定要我做,那我会很清楚地跟你提出来,我不做。"从这一问一答中,我们可能会对王希季的鲜明个性有"窥豹一斑"的认识。

2008年8月,北京空间机电研究所(在航天系统内,常称为508所)建所50周年之际,王希季作为老所长受邀来研究所与新老员工共同聚会畅谈。许多当年和王总一起工作的退休职工看到王总缓步走进会场,都迎上前去握住他的手,亲切地叫一声"王总好。"王希季高兴得笑啊,笑得像个孩子。看到这些熟悉的老面孔,听着和当年一样亲切的问候,王希季脑海中浮现出与昔日同事们朝夕相处、一起攻关的一幕幕。是对中国航天事业的执着让他们共同享受了成功地喜悦,品尝了失败的痛苦;是航天事业的蓬勃发展让他们的胸中再一次激荡着喜悦和期望。在大会上,王希季深情表达了他的美好愿望和由衷祝福,他感谢中国航天事业成就了他,他感谢与他一路走来的同事们,最后他饱含激情地说"五〇八所是我的母亲所"。这句发自肺腑的话,表达了他对中国航天事业的深情,是他对为此付出一切的真情流露，是他对难舍难忘的曾一起共事的同事的感恩，是他对祖国未来发展寄予的厚望。在场的员工也眼含着激动的泪水，一起感受王总的博大胸怀，一起分享王总的人生快乐。

王希季与郭永怀夫人李佩在北京空间机电研究所建所50周年纪念会上交谈

2011年7月王希季90寿诞之际，北京空间机电研究所的员工向他敬赠了一本用往昔拍摄的一些老照片精心制作的纪念册。这本纪念册反映了他在研究所的工作情况，记录了他走过的足迹。

北京空间机电研究所为王希季90寿诞制作的纪念册

在纪念册里，大家为王希季（王总）留下了衷心的祝福：

致王总：

您曾经是五院副院长，您曾经是五院科技委主任，可我们总忘不了您曾经是我们的所长；您是"两弹一星"功勋奖章获得者，您是两院（作者注：指中国科学院和国际宇航科学院）院士，可我们总忘不了您是我们的王总。

我们记得当年意气风发的您带领一支平均年龄只有23岁的年轻队伍创造出中国第一枚探空火箭，那是我们永远的自豪与光荣。我们听见今天满含深情的您发自肺腑道出的心声："五〇八所是我的母亲所"。为什么我们的眼里也含着热泪，是您博大的爱震撼了我们的心灵，我们没有理由不像您一样把毕生献给祖国的航天事业。

祝您生日快乐！

附录

附录1　王希季生平活动年表

1921 年
- 7月26日出生于云南昆明。

1938—1942 年
- 在昆明国立西南联合大学机械工程系学习，获机械工程学学士学位。

1942—1948 年
- 先后在云南安宁县21兵工厂分厂、昆明耀龙电力公司发电厂任职。

1948—1949 年
- 先后在美国弗吉尼亚州里士满大学研究生院物理专业、弗吉尼亚理工学院研究生院动力及燃料专业学习，获科学硕士学位。

1950 年
- 4月回到祖国。

1950—1954 年
- 任大连工学院机械系涡轮机教研室主任，副教授。

1955—1958 年
- 任上海交通大学船舶动力系涡轮机教研室主任，副教授。

1958—1960 年
- 任上海交通大学工程力学系副系主任，副教授、教授。

1958 年 10 月

- 加入中国共产党。

1958—1978 年

- 任上海机电设计院及其后身（相继为第七机械工业部第八设计院、中国空间技术研究院北京空间机电研究所）技术负责人、总工程师。

1959—1982 年

- 任多种探空火箭、火箭探空系统或其运载系统技术总负责人。

1960—1965 年

- 兼任上海科技大学教授。

1966—1968 年

- 任"长征 1 号"运载火箭、返回式 0 型试验遥感卫星技术总负责人。

1978—1982 年

- 任北京空间机电研究所所长。

1979—1984 年

- 任中国空间技术研究院副院长。

1981—1983 年

- 任返回式遥感卫星系列总设计师。

1982—1988 年

- 任中国航天工业部总工程师。

1983—1987 年
- 任返回式 0 型实用遥感卫星总设计师。

1983—1996 年
- 任中国空间科学学会第二、三、四届理事会副理事长。

1984—1988 年
- 任中国空间技术研究院科学技术委员会主任。

1987 年 7 月
- 当选为国际宇航科学院院士。

1988 年至今
- 任中国空间技术研究院技术顾问。

1991—1993 年
- 任中国航空航天工业部科学技术委员会顾问。

1993—1998 年
- 任中国航天工业总公司科学技术委员会顾问。

1993 年
- 11 月 当选中国科学院学部委员（1994 年改称院士）。

1995 年
- 获何梁何利基金会颁发的"何梁何利基金科学与技术成就奖"。

1996 年

- 获中国国防工会授予的航天劳动模范称号。

1996—1999 年

- 任中国空间科学学会第五届理事会理事长。

1997—2002 年

- 任中国空间技术研究院现代小卫星首席专家。

1998—2002 年

- 任中国航天科技集团公司科学技术委员会顾问。

1999 年

- 9 月 18 日荣获中共中央、国务院和中央军委授予的"两弹一星"功勋奖章。

1999—2001 年

- 任中国空间科学学会第五届理事会名誉理事长。

2001 年至今

- 相继任中国空间科学学会第六届、第七届、第八届理事会名誉理事长。

2001 年至今

- 任中国人民解放军总装备部科学技术委员会顾问。

2001—2004 年

- 任地球空间双星探测工程系统总设计师。

附录 2 王希季获奖成果

王希季获得的国家科学技术进步奖和部级科学技术进步奖项目：

返回式 0 型遥感卫星和"东方红 1 号"卫星获 1986 年国家科学技术进步奖特等奖。

世界新技术革命和我国的对策获 1987 年国家科学技术进步奖二等奖。

返回式 I 型遥感卫星获 1989 年中国航空航天工业部科学技术进步奖一等奖，1990 年国家科学技术进步奖特等奖。

返回式 II 型遥感卫星获 1993 年中国航天工业总公司科学技术进步奖一等奖，1996 年国家科学技术进步奖一等奖。

附录 3　王希季部分论著目录

王希季，钟芳源.1961.船舶汽轮机原理与热计算［M］.北京：北京科学教育出版社.

王希季.1990.关于发展载人航天的讨论［J］.中国空间科学技术（5）：1-7.

王希季.1990.返回技术和返回式航天器的发展［J］.中国空间科学技术（6）：1-5.

包妙琴，王希季.1990.工程设计程序的探讨.中国空间科学技术（12）：30-37.

王希季.1991.航天器进入与返回技术（上、下册）［M］.北京：宇航出版社.

王希季.1991.载人空间站概念［J］.中国空间科学技术（2）：35-38.

王希季.1991.空间站的安全与救生［J］.航天医学与医学工程（2）：85-90.

王希季.1991.空间微重力试验［J］.中国航天（9）：3-5，7.

王希季.1992.空间资源的利用和开发现状.中国航天（11）：3-6.

王希季，包妙琴.1994.工程设计学［M］.北京：宇航出版社.

王希季，李大耀.1994.空间技术［M］.上海：上海科学技术出版社.

王希季，林华宝，苏连凤.1995.中国返回式卫星的搭载任务——空间材料科学试验［J］.中国空间科学技术（3）：28-34.

王希季，林华宝，苏连凤.1995.中国返回式卫星的搭载任务——空间生命科学试验［J］.中国空间科学技术（4）：29-36、59.

王希季.1995.中国返回式卫星的进展［J］.中国空间科学技术（5）：23-30，61.

王希季.1995.中国返回式航天器发展途径探讨［J］.中国空间科技

术（6）：1-8.

王希季，李大耀.1997.卫星设计学［M］.上海：上海科学技术出版社.

王希季.1998.建设我国的空间基础设施［J］.世界科学研究与发展（6）：19-20.

王希季.1999.空间技术系统的讨论［J］.中国空间科学技术（5）：31-34.

王希季.1999.派向太空的地球使者［M］.桂林：广西师范大学出版社.

王希季.2002.20世纪中国航天器技术的进展［M］.北京：宇航出版社.

王希季.2002.选择中国载人航天发展目标的讨论［J］.中国空间科学技术（4）：1-9.

王希季.2002.中国载人航天工程的外部设计［J］.中国空间科学技术（5）：1-8.

王希季.2006.王希季院士文集［M］.北京：中国宇航出版社.

王希季，李大耀，张永维.2014.卫星设计学（再版）［M］.北京：中国宇航出版社.

附录4　王希季为爱妻聂秀芳撰写的碑文

秀芳爱妻：

　　您我恩爱情深，同甘共苦，互敬互助，六十四年，已白头到老，正夕阳无限好之际，突起不测风云，带你西归，令人悲痛万分，惋惜不已！

　　你人美心善，贤惠达理，侍老育幼，和谐持家；尽力撑我，南北辗转，几度易职，无一怨言；负责尽职，不同单位，各项岗位，均为中坚；关心亲友，热心公益，与人为善，受人尊敬。

　　你是贤妻良母，优秀骨干，为人榜样。

　　我爱你、敬你、感激你！

　　你我生同衾，死同穴，永不分离！

　　请安息吧！

最爱你的希季

2015年6月27日

后记

本书以李大耀撰写的《王希季》（贵州人民出版社 2005 年出版）为基础，经 2013 年 8 月至 2018 年 2 月进行修改、补充和扩展而成，重点在于介绍王希季在中国航天研发战线奋战将近 60 年的主要事迹和业已创建的不凡业绩，内容截至 2018 年 2 月（至于此后王希季的事迹和业绩，留待以后的传记作者补充）。

在本书编写过程中，得到王希季院士的精心校阅，得到中国空间技术研究院办公室秘书二处李民处长、张秋梅副处长和研发部总工程师马骏等同志的大力协助，得到北京空间机电研究所办公室原主任梁国寅先生的帮助。对此，作者深表感谢。

限于作者掌握的素材有限和知识面不广，书中的内容难免有不全面、甚至不妥之处，敬请王希季院士及读者不吝赐教。